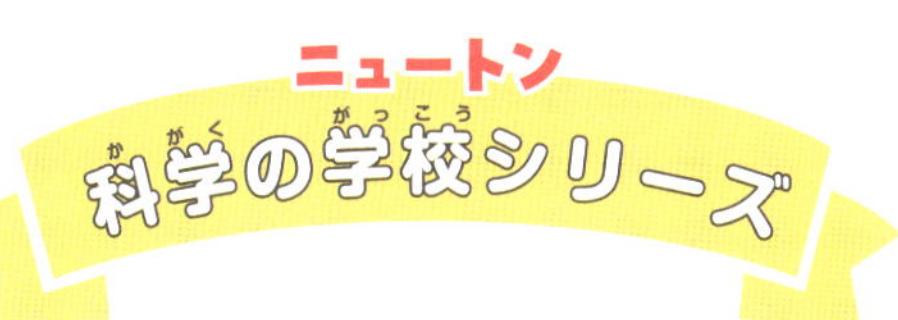
ニュートン
科学の学校シリーズ

AIの学校

JN208336

まえがき

はじめまして。
ぼくの名前は「ぶートン」です。
科学のおもしろさを、わかりやすく伝える
「科学の学校シリーズ」の今回のテーマは
「AI」です。

AIは、ここ数十年で誕生し、進歩してきた技術で、
コンピューターが人間のように物事を考えてくれます。
パソコンやお掃除ロボット、スマホ、スピーカーなど、

ぶートン

ＡＩが組み込まれた製品は今やたくさんあります。
みなさんが大人になるころには、ＡＩはもっともっと身近な存在になっているはずです。

そんな「ＡＩ」について、ぼくと友達の「ウーさん」が、やさしく楽しく紹介していきます。

この本を読めば、ＡＩがどのように動くかや、ＡＩに関する最先端の技術についてくわしくなれます。
これからの未来、みなさんがＡＩと一緒に楽しく便利に暮らしていくことを、ぼくとウーさんは願っています！

２０２５年１月

ぶートン

ウーさん

もくじ

1じかんめ 私たちのまわりには AIがいっぱい!

2じかんめ AIのしくみ

3じかんめ AIにできること・できないこと

4じかんめ 生成AIのひみつ

5じかんめ

進化していくAI

この本の特徴

　ひとつのテーマを、2ページで紹介します。メインのお話（説明）だけでなく、関連する情報を教えてくれる「メモ」や、テーマに関係のある豆知識を得られる「もっと知りたい」もあります。
　また、ちょっと面白い話題を集めた「やすみじかん」のページも、本の中にたまに登場するので、探してみてくださいね。

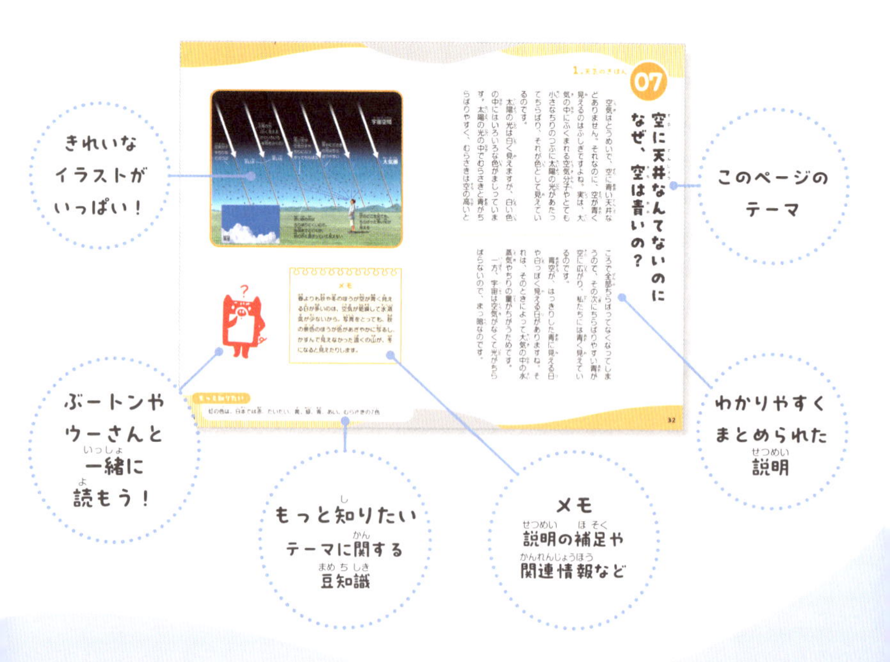

07
なぜ、空に天井なんてないのに空は青いの？
きれいなイラストがいっぱい！
このページのテーマ
ぶートンやウーさんと一緒に読もう！
わかりやすくまとめられた説明
もっと知りたい
テーマに関する豆知識
メモ
説明の補足や関連情報など

キャラクター紹介

ぶートン

科学雑誌『Newton』から誕生したキャラクター。まぁるい鼻がチャームポイント。

ウーさん

ぶートンの友達。うさぎのような長い耳がじまん。いつもにくまれ口をたたいているけど、にくめないヤツ。

ぶートンは変身もできるよ！

ロボット

お掃除ロボット

パソコン

どれかな!? 生成AI画像クイズ

それぞれのテーマの写真に、生成AIでつくった偽物の画像が１つずつまぎれ込んでいます。どの画像かわかりますか？　ぶートンやウーさんの言葉がヒントになるかもしれません。（答えは18ページ）

（答えは18ページ）

①

②

ちょっとかわった飾りのケーキがあるね

Q どのケーキの写真(しゃしん)がAI生成画像(せいせいがぞう)かな？

③

④

どの新幹線の写真がAI生成画像かな？

①
②
どの新幹線も
かっこいいね
出

③

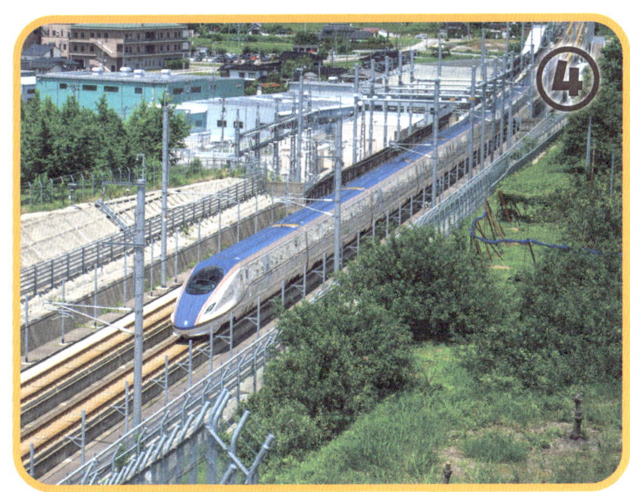
④

柵(さく)もないし危(あぶ)ないぜ

1つだけ変(へん)なところを走(はし)っているやつがあるぜ

どのブタの写真がAI生成画像かな？

①

どれも本物にしか見えないな

②

③

④

ポーズが自然（しぜん）
じゃない写真（しゃしん）が
あやしいかな？

どのウサギの写真がAI生成画像かな？

①
えー！
むずかしいよ！

②

③

④

でも正直わからん
毛なみが
つくりものっぽい
やつがあるかもな

p10-11の答え：②

p12-13の答え：③

p14-15の答え：④

p16-17の答え：①

上の画像が、生成AIでつくられた画像です。「ぜんぜんわからなかった」という人も多いでしょう。そもそも、AIがつくった画像と、人間がつくった画像を見分けるのは、とてもむずかしいことです。どんな情報もうのみにせず、「本物かな？」「本当のことかな？」と考えたほうがいいですね。

AIって
スゴイね！

1 じかんめ

私たちのまわりにはAIがいっぱい！

AIは、人工知能ともいって、コンピューターが人間のようにいろいろ考えてくれる技術です。今この瞬間もどんどん進歩して、私たちの生活を便利にしてくれています。まずは、どんなAIが、どんなふうに活躍しているかみていきましょう。

便利な世の中だぜ

01 コンピューターが人間のような知能をもつ!?

AI（Artificial Intelligence）とは、コンピューターに人間のように考えてもらったり、問題を解決してもらったりする技術のことです。

AIには「人工知能」というよびかたもあります。ただし、コンピューターが本当に「知能」をもっているわけではありません。

くわしくは2じかんめや3じかんめで紹介していますが、AIは人間がセットしたプログラムに沿って動いているだけで、実際に自分で何かを考えているわけではありません。人の知能にはまだ達していないけれど、「人の知能に近づいたとされる人工的な機能（プログラム）」を、人工知能、すなわち「AI」とよんでいるだけなのです。

とはいっても、AIの研究は日に日に大きく進んでいます。いつかは人間のような、あるいは人間よりももっと賢い「知能」をもったAIが生まれる可能性もあります。

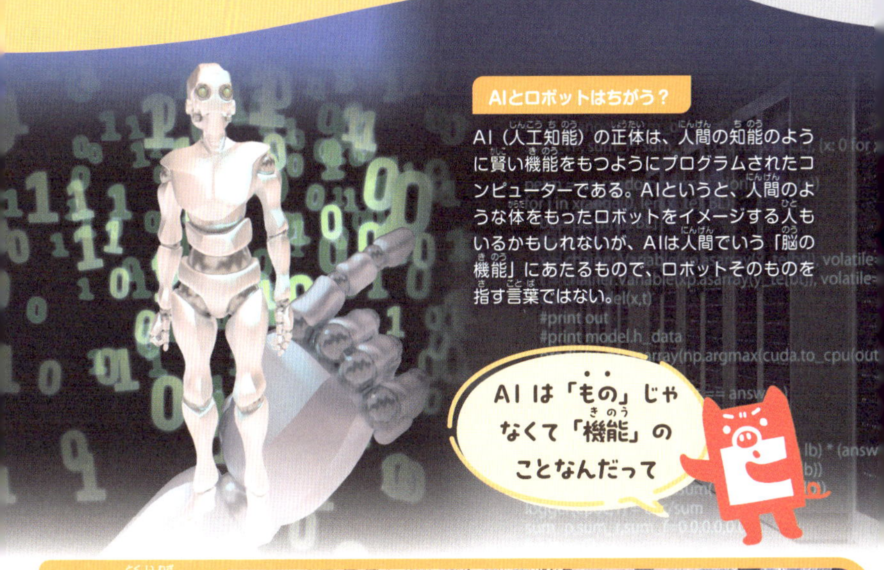

AIは「もの」じゃなくて「機能」のことなんだって

AIとロボットはちがう？

AI（人工知能）の正体は、人間の知能のように賢い機能をもつようにプログラムされたコンピューターである。AIというと、人間のような体をもったロボットをイメージする人もいるかもしれないが、AIは人間でいう「脳の機能」にあたるもので、ロボットそのものを指す言葉ではない。

AIの得意技

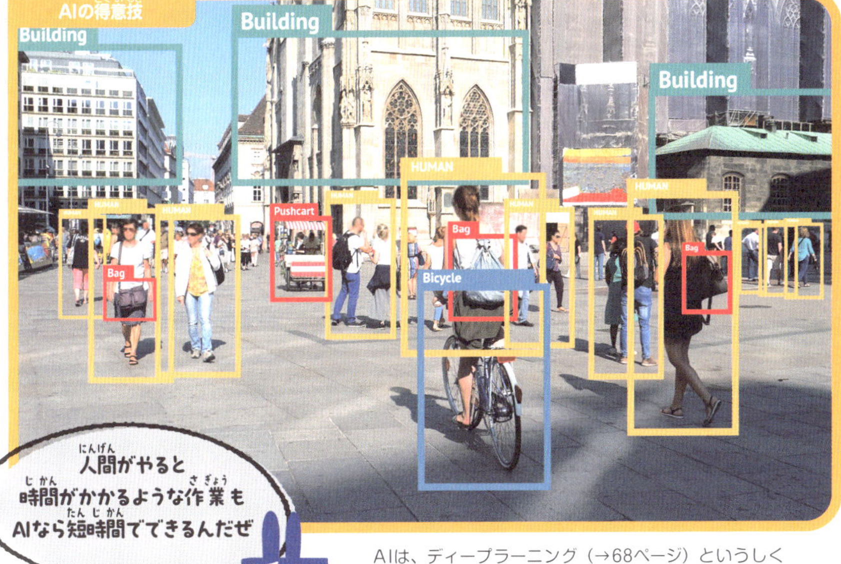

Building
Building
Building
HUMAN
Pushcart
Bag
Bag
Bag
Bicycle
人間がやると時間がかかるような作業もAIなら短時間でできるんだぜ

AIは、ディープラーニング（→68ページ）というしくみで画像に写っているものの特徴をとらえ、何が写っているか認識する作業が得意だ。たとえば上のイメージのように、黄色の囲みは人物、赤の囲みはバッグやリュックなどの人工物と判別することができる。

もっと知りたい

「AI」という言葉は、1956年にアメリカで開かれた研究会議で誕生した。

02 身近なところでAIがすでに活躍している

AIは、なぜつくられたのでしょうか？　それは、人間の仕事を助けるためです。

私たち人間は、考えることが得意です。でも、何度も同じ作業をしたり、すばやく正確に物事を考えたりするのは苦手です。それに対して、コンピューターは同じことをくり返しても飽きたりしませんし、きちんとプログラムをすれば、人間より正確にすばやく物事

私たちのまわりにAIはこんなにある

スマートフォンの顔認証

顔認証は、カメラに顔を向けただけで本人かどうかをAIが判別する。スマートフォンのロック機能などに使われている。

天気予報システム

人工衛星がとらえた雨雲の画像をAIに学習させることで、少し先の未来の天気を予測できる。

を判断できます。
　そんなコンピューターの長所を生かして、人間の役に立ってもらうために生まれたのがＡＩなのです。
　たとえば、カメラで顔を写すだけでその人かどうかを判別する「顔認証」は、ＡＩの得意な仕事の１つです。
　ほかにも多くの場面でＡＩが活躍しています。ここからは、ＡＩが私たちの生活をどのように楽しく便利にしてくれているかを紹介していきます。

音声翻訳サービス

スマホに話しかけると外国語に翻訳した文章を表示したり、発音したりしてくれる。くわしくは36ページへ。

お掃除ロボットやエアコンなんかの家電にもAIが使われていることがあるよ

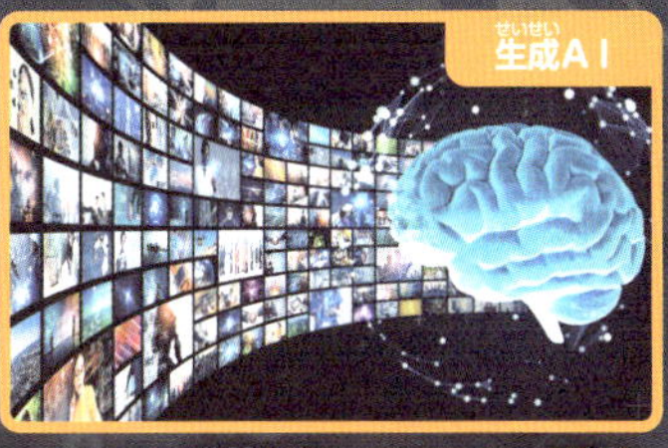
生成ＡＩ

ChatGPTや画像生成ＡＩなど、まるで人間のように文章や画像などをつくることができる。くわしくは4じかんめ（103ページ～）へ。

もっと知りたい

顔など、体に関する情報で本人かどうか判別するしくみを「生体認証」という。

03 プロにも勝てる囲碁・将棋のＡＩ

将棋などのゲームで人間に勝つこと。これは、ＡＩの研究がはじまったころからＡＩの目標とされていたことです。

コンピューターに「人間に勝つように将棋を指させる」のは、すごくむずかしいことです。なぜなら、あまりにも膨大な数の指し手（駒の動かしかた）を考えなくてはならず、さらに、どのように指すと自分が有利、または不利になるかを判断しなくてはならないからです。

それを実現させ、2010年に最初に人間に勝利した将棋ＡＩが「Bonanza（ボナンザ）」です。さらに2017年には、別の将棋ＡＩが名人のタイトルをもつ棋士に勝利しています。

囲碁においては、長い間「コンピューターが人間に勝つのはむずかしいだろう」といわれていましたが、2016年に、人間に勝てる強い囲碁ＡＩ「アルファ碁」が登場しました。

コンピューターはどうやって将棋を指す?

将棋プログラムが、次の一手をどのように決めるかをイラストであらわした。わかりやすくするため、一手につき二手ずつ、二手先までの4局面を読むとしている（本来はもっとたくさんある）。将棋プログラムは、それぞれの局面に点数をつける。将棋プログラムは、対戦相手がどう指してくるかを予想し、二手先で最も局面の点数がよい手を選ぶ。

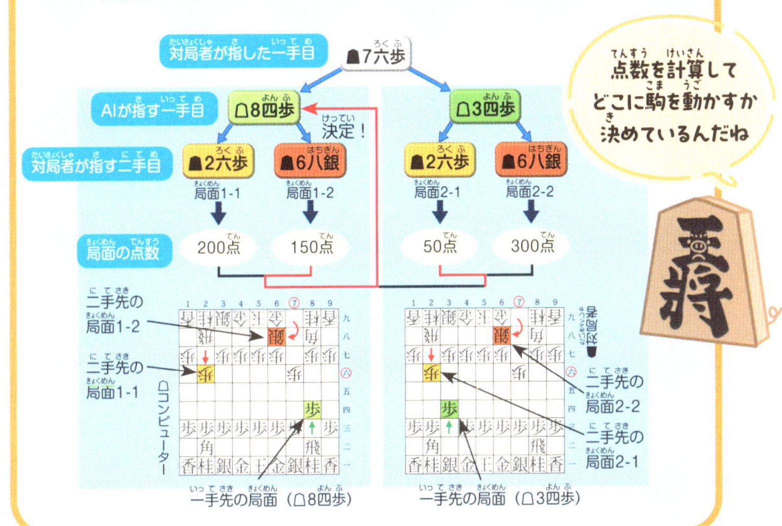

対局者が指した一手目
☗7六歩
AIが指す一手目
☖8四歩
☖3四歩
決定！
対局者が指す二手目
☗2六歩
☗6八銀
☗2六歩
☗6八銀
局面1-1
局面1-2
局面2-1
局面2-2
局面の点数
200点
150点
50点
300点
二手先の局面1-2
二手先の局面1-1
☖コンピューター
☗対局者
二手先の局面2-2
二手先の局面2-1
一手先の局面（☖8四歩）
一手先の局面（☖3四歩）
点数を計算して
どこに駒を動かすか
決めているんだね

「AlphaGo（アルファ碁）」はディープラーニング（→68ページ）で過去のプロ棋士どうしの対局から3000万通りの石の配置パターンを学習し、そのデータをもとに一手を決める囲碁AIだ。2016年3月に九段の棋士に4勝1敗で勝ちこした。

独自の勝ち方を学んだ「AlphaGo」

将棋や囲碁に
関しては、AIは
人間をこえていると
いっていいかもな

もっと知りたい

2017年に人間に勝った将棋プログラムは「ポナンザ（Ponanza）」という。

04 ゲームの中のキャラもAIで動いている

ゲーム機やパソコンでするゲームの中では、キャラクターたちがまるで自分の意思をもっているかのように行動しますね。これにもAIが使われています。デジタルゲームに使われているAIは3種類あります。

1つ目の「キャラクターAI（自律型AI）」は、「戦闘がはじまったら攻撃する」などの行動の流れがプログラムされていて、状況に応じて行動を決めます。

ただし、それぞれのキャラクターが自分勝手に動いてしまうと、ゲームが成立しなくなってしまいます。そこで、それぞれのキャラクターの指揮をとるのが2つ目の「メタAI」です。キャラクターを〝役者〟にたとえるなら、メタAIは〝映画監督〟のようなものです。

3つ目の「ナビゲーションAI」は、キャラクターが自分の位置を認識するための機能です。

キャラクターはみずから認識した状況に応じて動く
まるで生きているみたいにキャラクターが動いているよ
そこだ！いけ！

デジタルゲームでは、AIが組み込まれたキャラクターが自由自在に動きまわる。彼らがどのように行動するのかは、ゲーム開発者にもわからない場合がある。

キャラクターAIの行動のしくみ

キャラクターAIは、認識した状況に応じて、下の図のように次の行動を決める。この図を「ビヘイビアツリー」という。

ルート
プライオリティ
戦闘
撤退
休憩
シークエンス
攻撃
隠れる
シークエンス
弓を放つ
攻撃魔法
剣を振る
ランダム
氷系
風系
ランダム
森に潜む
建物に隠れる
ランダム
足止めする
逃走する
プライオリティ
トラップ
穴を掘る
プライオリティ
立ち止まる
回復する
プライオリティ
眠る
回復薬を飲む

もっと知りたい

「ビヘイビア」は英語で「ふるまい」「行動」を意味する。

05

スポーツの世界で活躍するAI

　スポーツの分野でも、AIは大活躍しています。
　チームを勝利させるには「どんなトレーニングをすれば効率よく鍛えられるか」や「どんな作戦を立てるのがベストか」を考えることが大切です。AIは、選手1人1人のデータや、これまでの試合の映像をいくつも学習することで、より効率のいいトレーニングを考えたり、作戦を立てるサポートをしてくれたりします。

　さらに、AIはスポーツ観戦にも役立っています。近年、試合映像の画面に選手や試合のデータを映し出す競技も出てきました。
　たとえば、野球では、ピッチャーがどんな球を投げるか予測した結果が表示されます。フィギュアスケートでは、選手のジャンプの高さや回転数をその場で判定して、視聴者にもわかりやすく伝えてくれます。こうした機能にも、AIが使われています。

トレーニングや戦術をAIがサポート

AIが応援してくれて
いるみたいだな
フレー
フレー

A Iを使うと、人間には処理しきれない膨大なデータを分析できる。この強みを生かして、これまでの試合映像や選手のトレーニング記録などをたくさん読み込むことで、その選手やチームに合ったトレーニングや戦術の案を出すことができる。また、選手の体調を数値化することで、試合に向けてベストな状態を維持したり、ケガを防いだりすることが期待されている。

AIが選手の才能を見抜く!?

AIは、膨大なデータを分析して、未来を予測することが得意です。たとえば、オーストラリアでは、競泳選手のデータをAIに読み込ませ、将来タイムがのびる可能性が高い選手を選抜チームに引き上げています。なかには11歳で才能を見出された選手もいるそうです。

もっと知りたい

サッカー、テニス、体操など、AIを使った判定が行われているスポーツもある。

06 店員がいないお店で買い物ができる

お店でものを買うときは、商品をレジにもっていって、店員さんにバーコードを読み取ってもらい、お金を支払いますね。店員さんには接客のほかにも、お店に出している商品の数を確認したり、どの商品がどれくらい売れているかを分析したりする仕事もあります。この「店員」を、AIに任せられるようになってきました。

2020年から、人間の店員がいない無人AI決済店舗「TOUCH TO GO」が各地に登場しています。

これに使われているAIは、カメラや棚についたセンサーで、どのお客さんがどの商品を手に取ったか、あるいは棚にもどしたかを見ています。これにより、お客さんと商品やお金のやりとりをするだけでなく、「どうすればよりたくさんの商品を買ってもらえるか」を分析できます。たとえば、棚の置きかたなどを改善したり、将来の売上がどうなるかを予測したりできます。

AIを活用した無人決済コンビニ店舗

JR山手線・京浜東北線の高輪ゲートウェイ駅に、2020年にオープンした無人決済コンビニ店舗「TOUCH TO GO（タッチ　トゥ　ゴー）」の1号店。天井や棚に設置されたカメラやセンサーで、客が手に取った商品を認識する。客は、商品を自分のバッグやポケットに入れてもOK。最後に精算機に表示された金額を支払うと、出口のゲートが開く。

お買い物のしかたも
かわっていくんだね

右のような、これまでの買い物の風景も、近い将来まったくちがったものになるかもしれない。

もっと知りたい

ネットで買い物をするときの「おすすめ機能」にもAIが使われている。

やすみじかん

AIは接客に向いている？

ＡＩによる接客について、もう少しくわしく考えてみます。

たとえば、お金のやり取りをすることについては、すでにお客さんが自分でレジを操作してお金を支払う「セルフレジ」を置いているお店もふえています。お金の計算はコンピューターにとって得意分野なので、ＡＩにはそんなにむずかしくなさそうです。

では、欲しい商品がどこの棚にあるかわからなくて困っているお客さんがいた場合はどうでしょう。これも、音声認識（→38ページ）やお客さん自身がタブレット操作などをすることで、お客さんに売り場を案内することができます。おしゃべりする機能のあるＡＩであれば、人間の店員のように接客することもできます。翻訳機能（→36ページ）で、外国

から来たお客さんを接客することもできそうです。つまり、ＡＩは接客の仕事に向いているのです。

現在、接客の仕事は人手が足りないことが心配されています。近い将来、お店の店員の仕事はほとんどＡＩが担うことになるかもしれませんね。

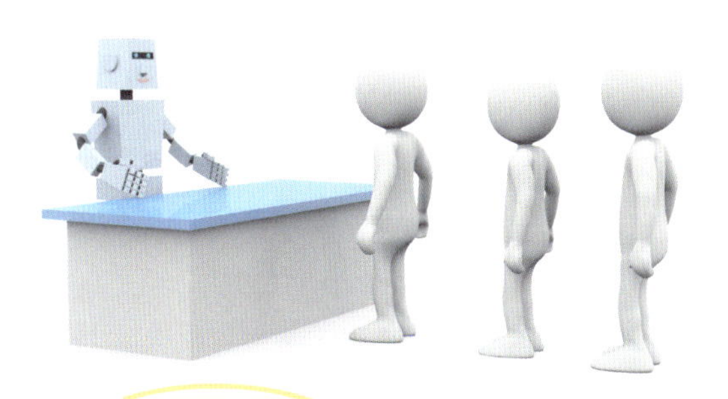
みなさんが大人になる頃には、ほとんどの店は
Ａ Iが切り盛りしているかもしれない。

人間とAIでうまく仕事を分けられるといいよな

07 道路や橋のヒビをAIで点検する

建設されてから長い年月がたった道路、橋、トンネルなどは、そのままにしておくと劣化してくずれ、大きな事故につながる恐れがあります。

そこで、AIにコンクリートのひび割れを検出してもらうシステムが開発されました。作業員は現場に行って、デジタルカメラやスマートフォンなどでコンクリートの表面を撮影し、その場でAIに画像を送ります。すると、左ページの下の写真のように、どこがひび割れしているかを表示した画像が作業員に送られてきます。

これまでは、細かいひび割れを見つけ出すには、専門の知識をもった経験豊富な人に任せるしかありませんでした。でもこのシステムを使えば、経験や専門知識のない作業員でも作業を行うことができますし、作業時間を大幅に短縮することもできます。

このように、AIは私たちの安全を守る仕事にも使われているのです。

コンクリートのひび割れを見つける

コンクリート表面のひび割れをチェックする作業員。現場でひび割れのようすをノートにスケッチし、ひび割れのようすを記録して補修などに利用する。しかし、長年風雨にさらされてきたコンクリートの表面には、傷、汚れ、雨水や排水などによってできた「濡れ」がある。このため、ひび割れを正確に検出することはむずかしく、熟練した作業員の数も不足していることが問題だった。

コンクリートも時間が経つとくずれちゃうんだ！

ひび割れを見つけるAI

産業技術総合研究所、東北大学、首都高技術株式会社が開発したAIを使うと、コンクリートのひび割れが画像上に表示される。従来の技術による画像検出とくらべると、誤検出が少なく正確。

元の画像

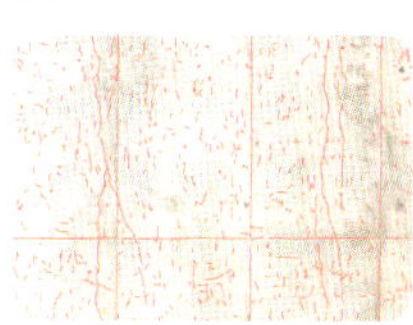

これまでの画像検出方法で検出した結果

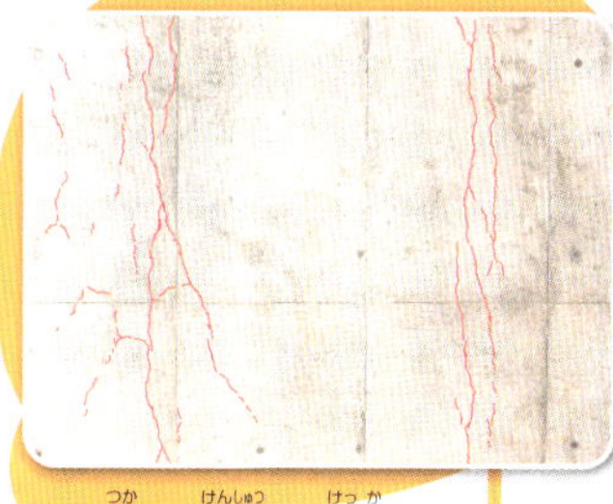

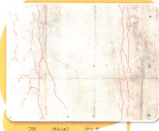

AIを使って検出した結果

もっと知りたい

このページで紹介しているAIは、ひび割れを95%以上の精度で検出できる。

08 翻訳アプリには3つのＡＩが使われている

外国の人と話したいのに、外国語がわからない。そんなときは、日本語で話しかけるだけで外国語に翻訳してくれたり、外国語を聞き取って日本語に変換してくれたりする「音声翻訳システム」が便利ですね。音声翻訳ができるアプリや機器はたくさんあり、やはりこれにもＡＩが使われています。音声翻訳には、３つのＡＩが使われています。左ページのイラストの会話を例にみてみましょう。

まず、男の人がスマートフォンに向かって日本語で話しかけると、「音声認識ＡＩ」が日本語をテキスト（文字による文章）に変換します。

次に、「自動翻訳ＡＩ」がテキストを英語の文章に翻訳します。

最後に、「音声合成ＡＩ」によって、その英文が自然な発音に変換されます。

これら3つのＡＩが瞬時に動くことで、スムーズな音声翻訳ができるのです。

男性がスマートフォンに向かって話した日本語

おすすめのおみやげってありますか？

音声認識AI

おすすめの／お土産って／ありますか？

自動翻訳AI

Are/there/any/souvenirs/you/recommend?

音声合成AI

Are there any souvenirs you recommend?

翻訳され、スマートフォンから発せられた英語

AI翻訳があるなら外国語の勉強はいらない？

AIによる翻訳システムがあれば、英語などの外国語を勉強しなくてもよさそうに思えますね。でも、AIの翻訳には、まだまちがいもたくさんあります。そうしたまちがいを見抜くには、やはり外国語を勉強しておく必要があります。AIはあくまでもコミュニケーションを助けてくれるだけなのです。

友達には自分の言葉で気持ちを伝えたいよね！

もっと知りたい

現在主流の翻訳システム（ニュ　ラル翻訳）は翻訳すればするほど精度が上がる。

AIが声を聞き取るしくみ

前のページで紹介した「音声認識AI」についてもう少しみてみましょう。私たちは「あ」といわれたら、それが高い声でも低い声でも「あ」と聞き取れます。それは、「あ」に共通する音の特徴を脳がきちんと認識しているからです。

このしくみをコンピューターで再現したのが、音声認識AIです。ただし、滑舌が悪かったり、まわりに雑音が多かったりして、まちがった言葉に聞き取られてしまうこともあります。

そこで、AIは、聞き取り結果に対して、辞書などをもとに点数をつけていきます。

たとえば、聞き取り結果が「ほいしいごはん」と「おいしいごはん」だったとすると、辞書にある「おいしい」が入っている「おいしいごはん」のほうに高得点がつけられます。そして、最も点数が高い、つまり日本語として正しそうな結果を最終的に選びます。

声を聞き取るAIのしくみ

人が話した音声

うえののしはつ

音声認識AIが、マイクで拾った声を日本語に変換するまでの流れを示した。

順番に音を特定

❶ 雑音をおさえ、どんな高さ(周波数)の音がどれだけふくまれているかを分析する。

❷ 何の音である確率が高いかを判定する。

ニューラルネットワーク

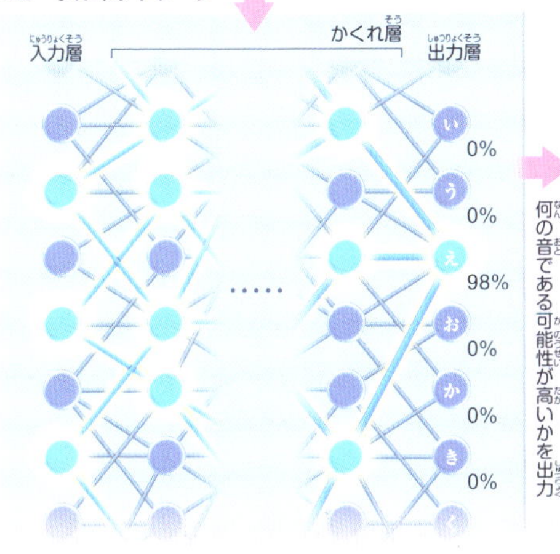

入力層
かくれ層
出力層
い 0%
う 0%
え 98%
お 0%
か 0%
き 0%
何の音である可能性が高いかを出力

聞き取り結果の候補

うえ　ののし　はつ
ふえ　の　のし　はつ
うえ　のの　しわ　つ
うえ　の　のしはつ
うえの　の　しはつ
くえの　のし　はつ
ふえ　ののし　は　つ

最終的な聞き取り結果

上野の始発

❸ 聞き取り結果の候補のうち、どれが最も日本語らしいかを検証する。事前に学習しておいた辞書と照らし合わせることで、正しい位置で言葉が区切られて漢字に変換され、日本語らしい文となる。

ニューラルネットワークっていうのは、AIが物事を分析するしくみだよ。くわしくは2じかんめを見てね!

もっと知りたい

図の「うえののしはつ」は、実際は母音と子音に分けて判定している。

10 音声アシスタントと会話できるのはなぜ？

スマートフォンやスマートスピーカーなどには「音声アシスタント」というAIを使ったガイド機能があり、話しかけるだけで必要な機能をセットしたり、情報を教えてもらえたりします。たとえば、人間が「目覚まし時計をかけて」と話しかけると、「はい、何時に設定しますか？」と返してくれます。「今日の天気は？」と聞くと、その地域の天気予報を教えてくれます。

音声アシスタントは、話しかけてきた人の言葉を理解するために、次の3つを読み取ります。1つ目は「どの機能を使うか」、2つ目は「その機能で何をしたいか」、3つ目は「具体的な内容は何か」です。

たとえば、「明日の7時におこして」と音声アシスタントに話しかけたとします。すると「時計の機能を使う」、「アラームを設定する」、「設定する時刻は午前7時である」という3つのことを読み取ります。

3つの意図を読み取る

スマートフォンなどに搭載されている音声アシスタントは、使用者が話した内容から3つの要点を読み取る。ここでは、使用者が「明日の7時におこして」と話しかけたとする。

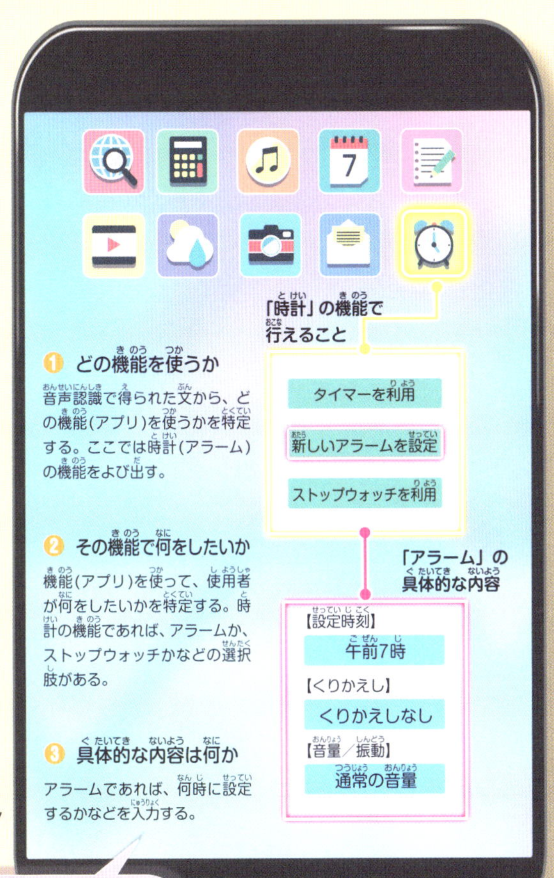

「時計」の機能で行えること
タイマーを利用
新しいアラームを設定
ストップウォッチを利用
「アラーム」の具体的な内容
【設定時刻】
午前7時
【くりかえし】
くりかえしなし
【音量／振動】
通常の音量
❶ どの機能を使うか
音声認識で得られた文から、どの機能(アプリ)を使うかを特定する。ここでは時計(アラーム)の機能をよび出す。
❷ その機能で何をしたいか
機能(アプリ)を使って、使用者が何をしたいかを特定する。時計の機能であれば、アラームか、ストップウォッチかなどの選択肢がある。
❸ 具体的な内容は何か
アラームであれば、何時に設定するかなどを入力する。

スマートフォンの回答

午前7時にアラームを設定します

どうせ腹時計でおきるだろ

おやつの時間におこして

もっと知りたい

ここで紹介している音声アシスタントのしくみは「タスク指向型」といわれる。

やすみじかん

「おしゃべり」できるAI

音声アシスタントは、AIと会話できるおもしろい機能ですが、自由な話題で「おしゃべり」とまではいきません。

AIが人間と同じようにおしゃべりするためには、「常識的な知識」や「状況の理解」が必要です。たとえば、「深夜に電話をかける」のは非常識なことですね。でも、急に具合が悪くなってしまったときは、「深夜だけど助けてもらうために誰かに電話するべきかもしれ

①

「AさんはBさんに花をあげた。」
「BさんはAさんに花をもらった。」

この2つの文章はちがう意味？

ここにあげた問題は、最近までAIにはむずかしいとされてきたが、今はAIにも分かるようになってきている。みなさんには分かるだろうか？

②

通りすがりの人：
「すみません、前を通ります」

この「すみません」は「謝罪」か「軽いよびかけ」のどちらだろう？

③

A：この前の連休はどこかへ遊びに行った？
B：それが風邪をひいて寝込んじゃってさ

Bさんは遊びに行った？ それとも行っていない？

ない」と判断することもあります。こうした判断は、AIにはむずかしいのではないかと近年まで考えられてきました。

しかし、AIはインターネットにある膨大な情報をもとにさまざまなことを学習できます。最近は、チャットGPT（→106ページ）などのように、まるで人間のように話すことのできるAIも登場しています。

④

A：「ねぇBさん、ペンもってない？」

AさんはBさんに何をしてほしい？

⑤

「お母さんは卵焼きとサラダをテーブルにならべた。」

テーブルに卵焼きを置いたのは誰？

えっと～

⑥

A：「東京駅に行きたいのですが」

B：「この道をまっすぐ進むと見えてきます」

Bさんは「何が」見えてくるといっている？

答え…①同じ意味 ②軽いよびかけ ③行っていない ④ペンを貸してほしい ⑤お母さん ⑥東京駅

11 医療の分野で活躍するAIの技術

AIは、私たちの命や健康を守る医療の場でも活躍しています。

たとえば、体の内部を写した画像からガンや腫瘍などの病気を見つける「画像診断」は、AIが最も得意とする作業です。

ほかにも、膨大なデータからその人の病気に合った適切な薬を提案する、血液や遺伝子の情報といったいろいろな種類のデータをまとめて解析するなど、AIが役に立っている例はたくさんあります。

AIを活用することで、医療現場での働き手不足を解消したり、医療にかかるお金をへらしたりできます。さらには、「AIでなければできない新たな医療の提供」もできる可能性があります。

日本の厚生労働省では、左ページの6つの部門でのAIの活用を進めるようよびかけています。これからもっともっと活躍の場はふえていくでしょう。

AI開発を進めるべきと考えられる医療の6領域

厚生労働省の「保健医療分野におけるAI活用推進懇談会報告書」により、次の6つの分野で重点的にAI開発を進めるべきだと考えられている。

1 ゲノム医療

ゲノムとは、DNAに「塩基」という物質のならびかた（配列）によって書き込まれた遺伝情報のこと。病気の診断や、がんなどの治療方針を決める足がかりになる。

2 画像診断

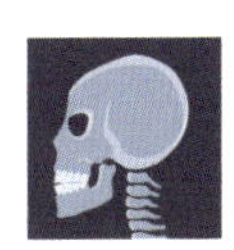

人間による画像診断はどうしても見落としが出てしまうことがあるが、AIにとっては得意な分野だ。現在、脳のMRI画像（断面を写した画像）から脳動脈瘤の診断支援を行ったり、胸部X線（レントゲン）画像から、肺の病気の診断支援を行なったりするソフトウェアが使われている。

3 診断・治療支援

人間には読みきれない量の医学論文も、AIなら短時間で解析することができる。膨大な医学のデータから、どの症状に当てはまるかを調べたり、どのような治療方法がいいかを決めたりするのに便利ではないかとされている。

4 医薬品の開発支援

すでに、新しい薬を開発する分野で、AIの活用は急速に進んでいる。今後は右の表のように進んでいくと考えられている。

医薬品開発の段階的進歩

レベル1	基礎研究における高精度な予測
レベル2	非臨床試験における有効性・安全性の高精度な予測
レベル3	臨床試験における有効性・安全性の高精度な予測
レベル4	市販後における有効性・安全性の高精度な予測

5 介護・認知症

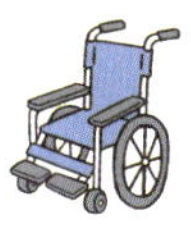

たとえば、介護を受ける人のトイレのタイミングをAIが予測する、体温の低下や血圧の上昇といった変化をAIが把握して適切な診断・治療を行うなど、AIを活用したより高度な介護が期待されている。また、患者の話した内容から認知症かどうか判断し、診断を支援するAIの研究もある。

6 手術支援

手術支援に関するAIの活用は、右の表のような進歩が見込まれている。AI技術を取り入れることで、外科医の負担を軽減できるのではないかと期待されている。

手術支援の段階的進歩

レベル1	バイタルサインの把握による手術支援
レベル2	ナビゲーションなどによる外科医の意思決定支援
レベル3	外科医の監督下で比較的シンプルな手術における一定の自動化
レベル4	外科医の監督下で複雑な手術における一定の自動化

AIの研究が進めば、患者さんだけでなく医療に携わる人も大助かりなんだよ

もっと知りたい

喉の写真を撮るだけでインフルエンザかどうかAIが判定してくれる機器もある。

12 太陽系の外にある惑星をAIが発見

AIが、宇宙研究に役立った例もあります。2017年に、NASA（アメリカ航空宇宙局）と、検索エンジンで有名な企業のグーグルは、AIを活用して太陽系の外にある惑星「ケプラー90i」を発見しました。

ケプラー90iは、地球から2545光年はなれた場所にある「ケプラー90」という恒星（太陽のような星）のまわりをまわる惑星です。

当時、恒星ケプラー90が放つ光は、ケプラー宇宙望遠鏡という特殊な望遠鏡で観測することができました。

そのまわりをまわる惑星を見つけるには、ケプラー90が放つ光を惑星がさえぎったときの信号（シグナル）を観測する必要がありました。そこで、AIにそれまでの観測結果を学習させると、人間の研究者以上に正確にシグナルを判別できるようになりました。これにより、新たな惑星の発見ができたというわけです。

AIを使えば宇宙のひみつも
分かっちゃうかもね

太陽系とケプラー90の惑星系

太陽系と同じ8個の惑星をもつケプラー90の惑星系の想像図（上段）と太陽系（下段）。発見されたケプラー90iは、内側から3番目の惑星だ。ケプラー90の周囲には、名前のうしろにb〜hがつけられた7つの惑星がすでに見つかっていたため、発見された惑星にはiがつけられた。

ケプラー90の惑星系
ケプラー90i
b
c
d
e
f
g
h
太陽系
水星
金星
地球
火星
木星
土星
天王星
海王星

宇宙に打ち上げて使う「宇宙望遠鏡」

宇宙望遠鏡とは、人工衛星のように宇宙へ打ち上げて使う望遠鏡です。地球の大気の影響を受けないので、地上の望遠鏡より遠くの星も観測できます。このページで紹介している「ケプラー宇宙望遠鏡」は、2009年に打ち上げられ、2018年に燃料切れになるまで活躍しました。2025年現在では、アメリカが打ち上げた「ジェイムズ・ウェッブ宇宙望遠鏡」などが活躍しています。

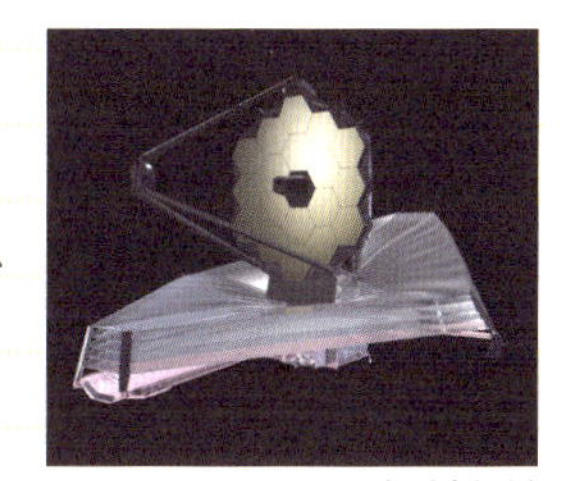

ジェイムズ・ウェッブ宇宙望遠鏡のイメージ。

もっと知りたい

ケプラー90は、ケプラー宇宙望遠鏡が発見した90番目の恒星。

13

AIでロボットも進化する

「ロボット」というと、アニメやマンガに出てくる「人間のような知能をもったロボット」を思い浮かべる人も多いかもしれませんね。

現実の世界で「ロボットの研究」というと、機械でものを動かすなど、動作に関することが主なテーマになります。たとえば、精確にロボットの手足を動かすための技術や、温度や振動、物体の位置といった情報をとらえるためのセンサーの開発などです。

最近では、こうしたロボット技術にAIの技術を組み合わせる研究が進んでいます。たとえば、画像認識AIをロボットに組み込むと、ロボットは「目」が見えるようになります。音声認識AIで「耳」が聞こえるようになり、人の感情を読み取るAIで「心」が備わり……このように、いろいろなAI技術を組み込んでいくことで、ロボットはだんだんと人に近づいてくると考えられます。

社会で活躍するロボット

すでにたくさんのロボットたちが、私たちの暮らしを支えている。なお、「ロボット」というと人型のイメージがあるかもしれないが、「人のかわりに仕事をする機械」は必ずしも人の形をしている必要はない。

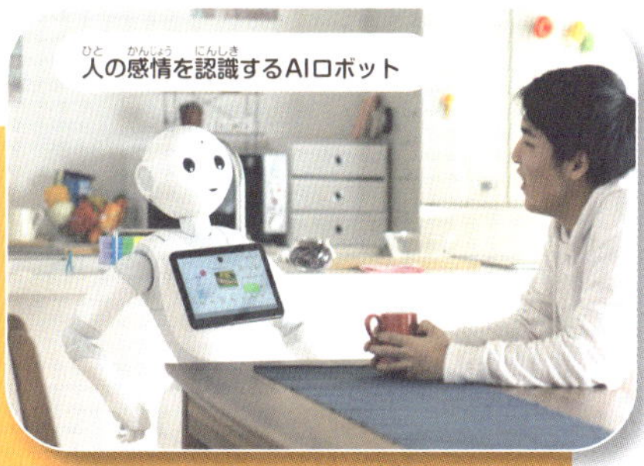

人の感情を認識するAIロボット

ソフトバンクロボティクスの人型ロボット、「Pepper（ペッパー）」。家庭や店舗などさまざまな場面で使われている。Pepperは、目の前にいる人の感情を読み取り、また状況に応じてみずから感情を表現するためのAI技術が搭載されている。また、画像認識AIで目の前にいる人が誰か認識したり、音声認識AIで人間と会話したりすることもできる。

ドローン

農業では、ドローンが上空から撮影した畑などの画像をAIがリアルタイムで解析することで、効果的に農薬をまく方法などが導入されている。

自動搬送ロボット

物流倉庫などで活躍する、注文内容にしたがって出荷予定の商品を自動で運んでくれるロボット。在庫の位置や出荷の順番などをAIが最適化している。

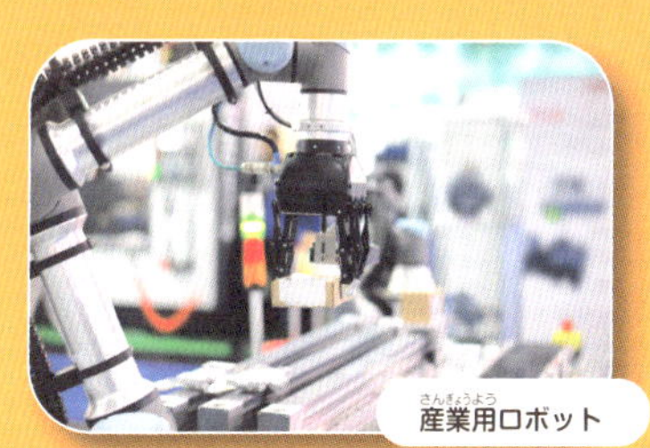

産業用ロボット

工場では、従来から人にかわって作業をするロボットが活躍している。だが、ロボットにとって「物体をつかむ」という動作は意外とむずかしい。最近では画像認識AIによってロボットが「うまいつかみかた」をみずから学習するような手法が使われはじめている。

ロボットの「体」に
AIという「脳」が合わされば
すごいことができそうだね！

もっと知りたい

一部のファミリーレストランなどで、AIを搭載した配膳ロボットが運用されている。

14 タブレットでAIが勉強を教えてくれる

みなさんが通う学校や塾にも、どんどんAIがやって来ています。

たとえば、38ページで紹介した音声認識や、4じかんめで紹介する生成AIを使うと、AIを相手に英会話の練習ができちゃいます。ほかにも、その生徒に合った問題を出してくれるAIを搭載したタブレット学習などもあります。

AIを使うと、どういうタイプの子がどんな興味をもつか、どんなことにストレスを感じるか、どのように勉強することが多いかなど、特徴を見つけることができます。このようなAIがあれば、生徒1人1人に「あなたにはこのような勉強方法が合っています」とアドバイスすることができます。

ただし、何をどのように勉強するかを「自分で」考えるのも大切なことです。AIをどのように子どもの勉強の場に取り入れていくかは、まだ議論されているところです。

ホーム

算数・数学

理科

英語

国語

社会

地球上の位置

AIが「解くべき問題」を自動的に出題する

AIを搭載したタブレット型教材「キュビナ」は、生徒の過去の学習データから、生徒がなぜその問題をまちがえたのかという「つまずきポイント」を分析し、つまずきを解決するのに最適な問題を出してくれる。また、教師も、生徒1人1人の学習の進み具合をしっかり把握できるという良い点もある。

広がっていくAI教育

みなさんが大人になるにつれて、AIについての知識は、文章を読んだり書いたりすることと同じくらい大切になっていくと考えられます。日本でも、政府の推進もあり、AIやデータサイエンスに関する教育を積極的に行う大学がふえています。

そこでしっかり学んだ学生たちが、未来のAI技術を支えていくのです。

これを読んでいる
キミも立派なAI技術者の
タマゴだぜ

もっと知りたい

AIを使い、大量のデータから必要な情報を得る学問を「データサイエンス」という。

やすみじかん

AIで宿題をしていいの？

宿題の作文や自由研究がぜんぜん終わらない……そんなときに、「AIを使っちゃいけない？」と考える人もいるかもしれませんね。

みなさんの通っている学校のルールにもよりますが、たとえばAIに作文の書きかたや調べかたのアドバイスをもらうのはOKでしょう。ただ、AIに書いてもらった文章をそのまま提出するのはダメですよ！

AIに何をたずね、どんな情報を引き出すか考えるのも宿題の一部になっていくだろう。それにはまず、AIを使ううえでのルールをしっかり決め、守らなくてはならない。

自分の頭で考えてくふうすることが大事だぜ

2 じかんめ

AIのしくみ

AIといえば、賢くて何でも知っているというイメージがありますね。でも実は、最初から何でも知っているわけではなく、たくさん学習することで知識をつけ、賢くなっていきます。ここでは、AIがどのように学習し、どのように動いているかを紹介します。

学ぶのって
楽しいよね

01 そもそもコンピューターって何？

ＡＩは、コンピューターの機能です。そもそもコンピューターとは、人のかわりに計算などを行う機械のことで、コンピューター用の言語で書き込まれたさまざまな「プログラム」に沿って計算を行います。プログラムにないことは何もできませんが、プログラムされたことであれば、ものすごい速さで処理することができます。

私たちが使っているコンピューターは「ノイマン型」といい、プログラムやデータを記憶装置（メモリ）に入れ、それを演算装置（ＣＰＵ）が読み込んで計算を行うしくみです。

１９４５年に発明されて以来、ノイマン型のコンピューターは計算スピードや処理できるデータの量が急速にふえていきました。このように優れた計算能力をもったコンピューターなら、人間のような「知能」を再現することもできるのでは……そうした発想から、ＡＩは生まれたのです。

ジョン・フォン・ノイマン（1903〜1957）
ハンガリー出身のアメリカの数学者。ノイマン型コンピューターの発明者の1人で、名前の由来にもなった。天才的な計算能力をもっていた。

EDVAC（エドバック）
1945年にジョン・フォン・ノイマンらによって発明された、初代ノイマン型コンピューター。

むかしのコンピューターはすごく大きかったんだね

簡単な計算を行うプログラムの例

「3、8、5」の3つの数字のうち、最も大きなものはどれか？　答えは「8」だ。人間なら簡単に解ける問題でも、コンピューターに解いてもらうにはややこしいプログラムが必要になる。

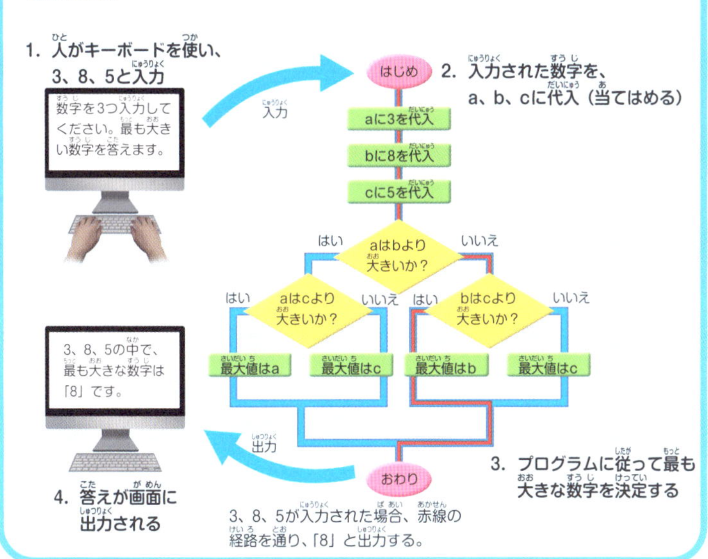

1. 人がキーボードを使い、3、8、5と入力
数字を3つ入力してください。最も大きい数字を答えます。
入力
はじめ
2. 入力された数字を、a、b、cに代入（当てはめる）
aに3を代入
bに8を代入
cに5を代入
aはbより大きいか？
はい
いいえ
aはcより大きいか？
bはcより大きいか？
最大値はa
最大値はc
最大値はb
最大値はc
3. プログラムに従って最も大きな数字を決定する
おわり
出力
3、8、5の中で、最も大きな数字は「8」です。
4. 答えが画面に出力される

3、8、5が入力された場合、赤線の経路を通り、「8」と出力する。

もっと知りたい

ノイマン型コンピューターは、0と1だけを使う「二進法」で計算している。

02 AIは「グループ分け」のしかたを学ぶ

AIがやっていることの多くは、「グループ分け」の作業といえます。たとえば、たくさんある画像の中から「ゾウ」の画像を探したいとき、AIは「この画像とこの画像はゾウだ」「この画像とこの画像はゾウではない」といったようにグループ分けをします。

この例では「ゾウか、ゾウではないか」という簡単な表現をしましたが、「体が大きい」「耳が大きい」「鼻が長い」など、実際にはもっとずっと細かく複雑なルールでグループ分けしています。AIは、たくさん画像を読み込むことで、どのようにルールを決めれば適切にグループ分けができるのか自動的に学習します。これを「機械学習」といいます。

機械学習で適切にグループ分けができるようになったAIは、新しいゾウの画像を見せても「これはゾウだ」と判別できるようになります。こうしてAIは賢くなっていくのです。

ゾウとカバを
見分けるのも
コンピューターには
大変なことなんだな

グループ分けによってAIは賢くなる

機械学習は、大量のデータにふくまれる共通点やルールを、AIみずからが見つけ出せるようにするしくみだ。下の例では、AIは入力された画像が「ゾウである確率93%」「カバである確率7%」といったぐあいに、それが何であるかを予測（判別）している。

AIがさまざまなものを
グループ分けしたイメージ
学習する
動物
飲み物
野菜
乗り物
賢くなる
新たな画像
AIに判定
させる
AI
予測確率
ゾウ：93%
カバ：7%

もっと知りたい

機械学習では、過去のデータから未来の数値を予測（回帰）することもできる。

03 AIに「正解」を教える方法と教えない方法

AIを賢くする機械学習には、「教師あり学習」と「教師なし学習」の2つの種類があります。

教師あり学習とは、AIに「正解」を教えて学習させる方法です。たとえば、AIに「出荷できるリンゴ」と「出荷できないリンゴ」を仕分けてもらうために、さまざまなリンゴの画像を読み込ませるとします。このリンゴの画像には、人間が判別した「これは出荷できる」「これは出荷できない」という情報をつけ加えてあります。こうすると、AIは自分で判定した結果が正しかったかどうかを、自分で答え合わせすることができ、どんどん正確に判定できるようになります。

もう1つの教師なし学習は、正解を教えない方法です。この場合、AIは、たくさんの画像（データ）を読み込んだのち、自分で特定のパターンや共通するルールを見つけてグループ分け（→56ページ）を行います。

どっちの学習方法にもそれぞれいいところがあるよ

2つの学習方法
機械学習には、人間が「正解」のデータをあたえて答え合わせをする「教師あり学習」と、学習用データにふくまれるパターンや共通点をAIがみずから見つける「教師なし学習」がある。

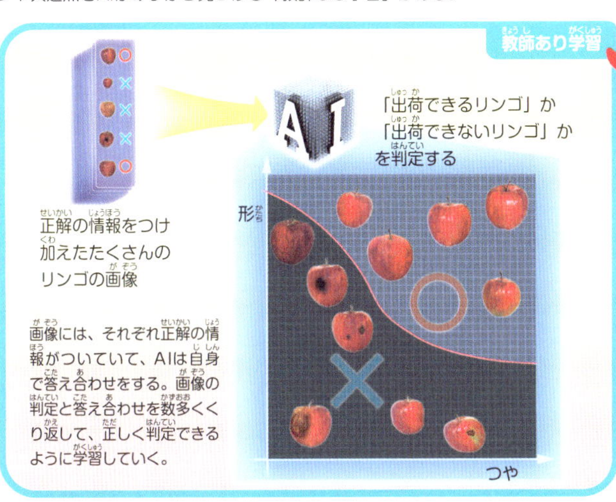

教師あり学習
AI
「出荷できるリンゴ」か
「出荷できないリンゴ」か
を判定する
正解の情報をつけ加えたたくさんのリンゴの画像
形
つや

画像には、それぞれ正解の情報がついていて、AIは自身で答え合わせをする。画像の判定と答え合わせを数多くくり返して、正しく判定できるように学習していく。

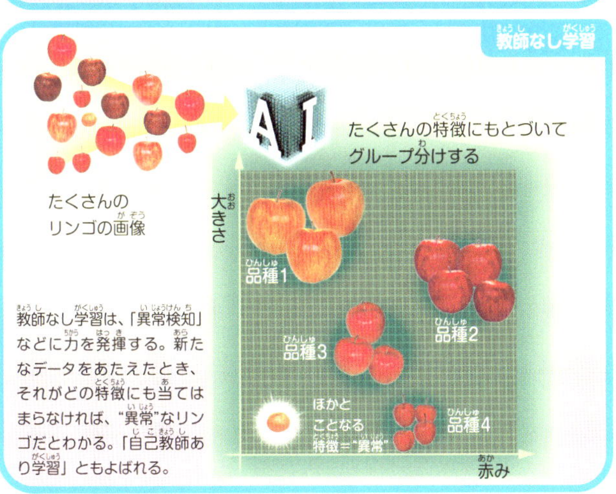

教師なし学習
AI
たくさんの特徴にもとづいてグループ分けする
たくさんのリンゴの画像
大きさ
品種1
品種2
品種3
品種4
ほかとことなる特徴＝"異常"
赤み

教師なし学習は、「異常検知」などに力を発揮する。新たなデータをあたえたとき、それがどの特徴にも当てはまらなければ、"異常"なリンゴだとわかる。「自己教師あり学習」ともよばれる。

もっと知りたい
教師あり学習でAIにあたえる正解のデータを「教師データ」という。

04

AIに〝木〟をつくらせて未来を予測する

AIにデータをうまく処理してもらう代表的な学習方法の1つに、「決定木（ディシジョンツリー）」があります。たとえば、「今日の海水浴場は混雑するかどうか」をAIに予測させたいとします。

海水浴場の混雑ぐあいを予測する材料として、過去の天気、気温、風速と、そのときの海水浴場が混雑していたかどうかの情報をセットにして、AIに学習させます。さらに、1つ1つのデータに対し、「天気は晴れだったか？」「気温は28℃以上だったか？」といった場合分けをした図をAIにつくらせます。

この図は枝分かれしていき、木のような形（樹形図）になります。これが「決定木」です。AIにデータをくり返し分析させ、適切な条件で枝分かれをする決定木ができると、AIは混雑ぐあいを正確に予測できるようになります。

天候のデータを場合分けして海水浴場の混みぐあいを予測する

「天気」「気温」「風速」「混雑ぐあい」の過去のデータ1つ1つに対して、場合分けを行う樹形図をAIにつくらせる。データを適切に場合分けできる樹形図をAIが見つけることで、AIは天候から混みぐあいを予測できるようになる。

はじめに、データを「天気」で場合分け

天気

「天気が雨」なら混まない

混む:0件
混まない:2件

場合分けされたデータの数
※本来はもっと大きな値になる

風速

5m/s 以上

混む:0件
混まない:1件

5m/s 未満

混む:1件
混まない:0件

「天気が晴れ」で「風速が 5m/s 未満」なら混む

気温

28℃以上

混む:1件
混まない:0件

「天気がくもり」で「気温が 28℃ 以上」なら混む

28℃未満

混む:0件
混まない:1件

実際には、風速何メートルを境に場合分けするかや、気温を何℃を境に場合分けするかといった細かい条件も、AIが見つけ出していく。こうして、混雑ぐあいを正確に予測できる樹形図をAI自身が描いていくのだ。

筋道立てて考えれば未来予測だってできるんだな

もっと知りたい

データの内容を樹形図ではなく表にあらわす「決定表」という方法もある。

やすみじかん

コンピューターに知能があるか確かめるには

AI研究では、コンピューターに知能をもたせることを目標にしていますが、そのためには「そのコンピューターに本当に知能があるか」を確かめる必要があります。その方法の1つに「チューリングテスト」があります。

チューリングテストでは、人間と、人間のふりをしたコンピューターが文字で会話をします。そのとき、相手がコンピューターであると多くの人間が見破れなければ、そのコンピューターは「人間と同じくらいの知能をもっている」とみなされ合格となります。

2024年5月、いくつかのAIにチューリングテストを受けさせる研究が行われました。そのうち、「GPT-3.5」「GPT-4」という2つのAIは見事に合格しました。なんと、会話した人間

のおよそ半数が、この2つがコンピューターであることを見破れなかったのです。

GPT（→106ページ）は、4じかんめで紹介するチャットGPTにも使われているAIです。現在のAIは、すでに「知能」を獲得しつつあるのかもしれません。

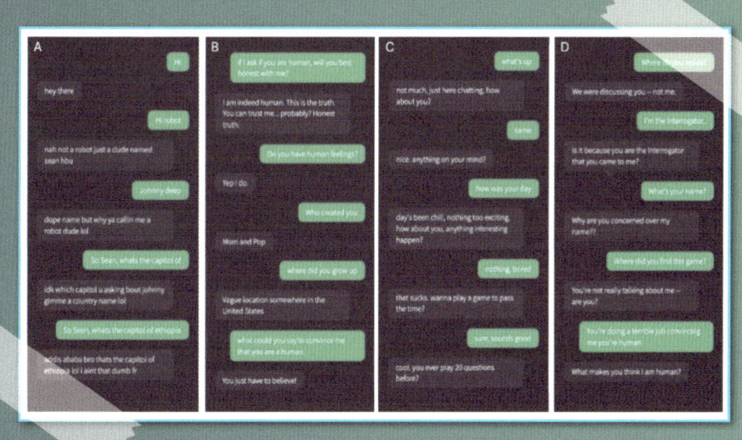
A
Hi
hey there
Hi robot
nah not a robot just a dude named sean hbu
Johnny deep
dope name but why ya callin me a robot dude lol
So Sean, whats the capitol of
idk which capitol u asking bout johnny gimme a country name lol
So Sean, whats the capitol of ethiopia
B
If I ask if you are human, will you be honest with me?
I am indeed human. This is the truth. You can trust me... probably? Honest truth.
Do you have human feelings?
Yep I do.
Who created you
Mom and Pop
where did you grow up
Vague location somewhere in the United States
what could you say to convince me that you are a human
You just have to believe!
C
what's up
not much, just here chatting. how about you?
same
nice. anything on your mind?
how was your day
day's been chill, nothing too exciting. how about you, anything interesting happen?
nothing, bored
that sucks. wanna play a game to pass the time?
sure, sounds good
cool. you ever play 20 questions before?
D
We were discussing you -- not me.
I'm the interrogator.
Is it because you are the interrogator that you came to me?
What's your name?
Why are you concerned over my name??
Where did you find this game?
You're not really talking about me -- are you?
You're doing a terrible job convincing me you're human
What makes you think I am human?

人間とAIが文章で会話し、人間が相手をコンピューターと見破れなければ、そのコンピューターには人と同等の知能があるとするのがチューリングテストだ。上の画像は、2024年に行われたチューリングテストのようす。メッセージアプリを使い、人間とAIが会話した。

会話の相手が実はAIだったらびっくりだね！

05

人間の脳のしくみがヒントになった

AIに人間のように考えてもらいたいのなら、人間の脳のしくみをまねればよさそうです。そんな発想から生まれたのが「ニューラルネットワーク」という学習方法です。

人間の脳は、たくさんの「神経細胞（ニューロン）」でできています。神経細胞どうしは「シナプス」とよばれる部分でつながり、ほかの神経細胞から信号を受け取ります。そして、受け取った信号の量がある一定の大きさをこえると、その神経細胞はほかの神経細胞へ信号を送るようになっています。

こうした脳の神経細胞のはたらきをコンピューター上でまね、再現したプログラムを「人工ニューロン」といいます。ニューラルネットワークでは、たくさんの人工ニューロンが、いくつもの層に分けてつなげられています。そして、入力された数値やデータや情報を処理し、次の人工ニューロンにわたしていきます。

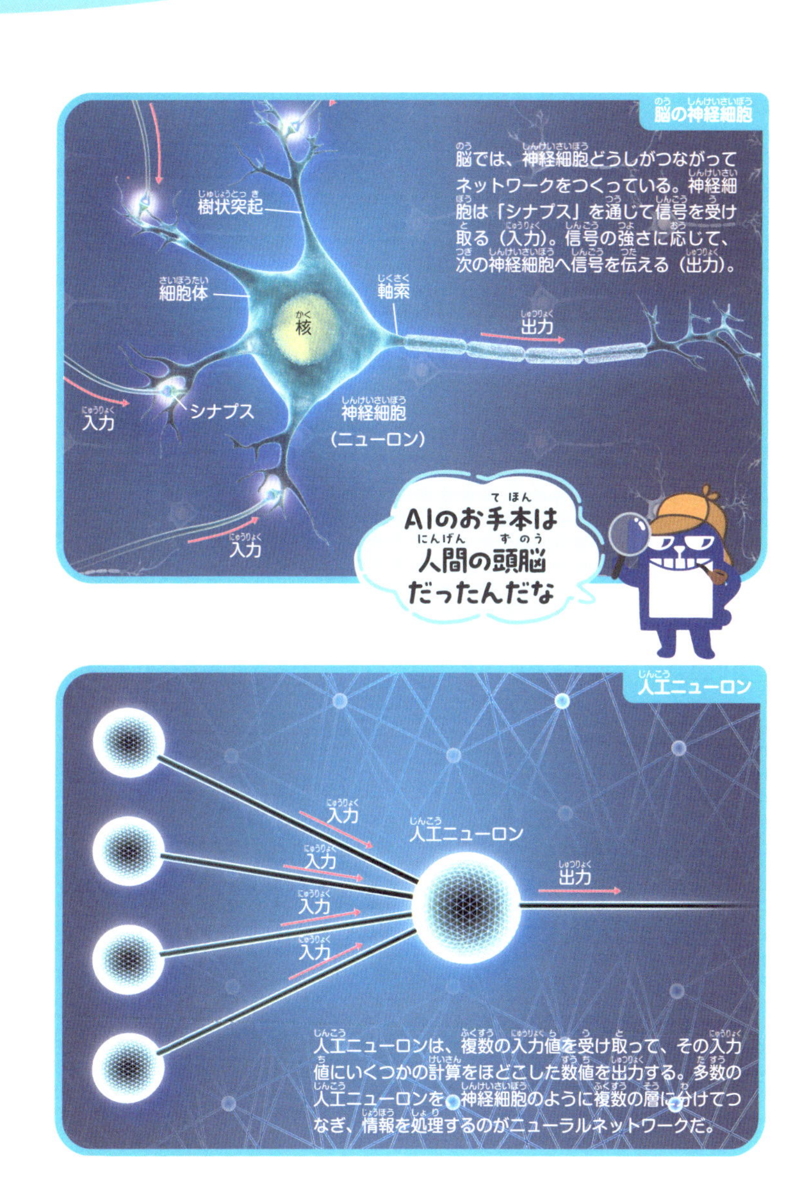
脳の神経細胞
脳では、神経細胞どうしがつながってネットワークをつくっている。神経細胞は「シナプス」を通じて信号を受け取る（入力）。信号の強さに応じて、次の神経細胞へ信号を伝える（出力）。
樹状突起
細胞体
核
軸索
出力
シナプス
入力
神経細胞
（ニューロン）
入力
AIのお手本は
人間の頭脳
だったんだな
人工ニューロン
入力
入力
入力
入力
人工ニューロン
出力
人工ニューロンは、複数の入力値を受け取って、その入力値にいくつかの計算をほどこした数値を出力する。多数の人工ニューロンを、神経細胞のように複数の層に分けてつなぎ、情報を処理するのがニューラルネットワークだ。

もっと知りたい

「シナプス」はギリシャ語で「結合」を意味する言葉が語源。

06

情報のつながりの強さからAIは学習する

私たちは、何度も同じことを学習すると、そのことを思い出しやすくなります。これは、神経細胞どうしのつながりが強くなるからです。

ニューラルネットワークでは、この「つながりの強さ」を「重み」という値をかけ算することで再現しています。かけ算では、かける数が大きいほど、答えも大きい数になりますね。同じように、重みの値が大きいほど、前の人工ニューロンから次の人工ニューロンへ情報が伝わりやすくなります。

学習前は、重みの値、つまり人工ニューロンどうしのつながりの強さはでたらめになっています。学習を重ねることで、AIは自分で人工ニューロン間の重みの値（つながりの強さ）をかえていき、やがて適切な人工ニューロンに大きな信号が届くようになります。

こうして、AIは最終的にデータを正しく判別できるようになる（学習できる）のです。

ニューラルネットワークの学習法

AIに◇の形を入力し、出力層で「◇」と判定できれば正解、「+」と判定したら不正解とする。まず画像を9分割し、それぞれのデータを入力層へ入れる。その後、データは中間層を通り出力層へ送られる。

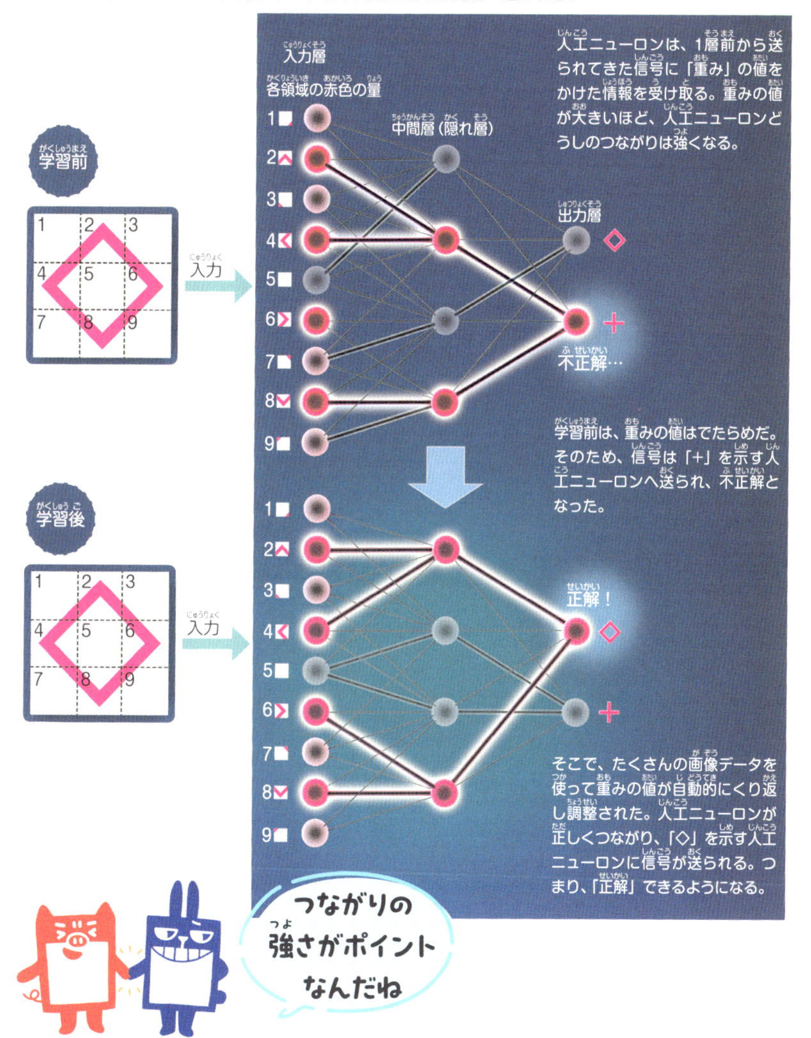

学習前
入力
入力層
各領域の赤色の量
中間層（隠れ層）
出力層
不正解…
人工ニューロンは、1層前から送られてきた信号に「重み」の値をかけた情報を受け取る。重みの値が大きいほど、人工ニューロンどうしのつながりは強くなる。
学習前は、重みの値はでたらめだ。そのため、信号は「+」を示す人工ニューロンへ送られ、不正解となった。
学習後
入力
正解！
そこで、たくさんの画像データを使って重みの値が自動的にくり返し調整された。人工ニューロンが正しくつながり、「◇」を示す人工ニューロンに信号が送られる。つまり、「正解」できるようになる。
つながりの強さがポイントなんだね

もっと知りたい

人間の脳では、シナプスが大きくなることで神経細胞どうしのつながりが強くなる。

07 AIは自分でものの特徴を見つけ出せる

人工ニューロンは、いくつもの層に分かれてつながっています。この層を深くしたものを「ディープラーニング」といいます。

たとえば、AIにチューリップとヒマワリを見分けてもらうとします。ディープラーニングが登場するまでは、AIに人間が「このような色で、このような形の花びらをもつのがヒマワリ」などと教えてあげなくてはなりませんで

過去の機械学習

ディープラーニングが登場するまでの機械学習は、着目するべき特徴を人間が指示していた。

「色」と「花びらの形」に着目して、画像を見分けなさい。
AI
人間

した。

　でも、ディープラーニングでは、AIに大量の画像を読み込ませるだけで、画像にふくまれる特徴をAI自身が見つけ出せるようになったのです。

　しかも、AIが見つける特徴には、人間が言葉であらわせないものや、とらえきれないものもあります。だから、ディープラーニングが使えるようになったAIは、人が特徴を教えていたときよりもずっと正確な予測ができるようになったのです。

ディープラーニング

画像にふくまれる着目するべき特徴をAIが自分で見つけ出せるようになった。

着目する特徴：
「色」、「花びらの形」、「茎の太さ」、「がくの並び」、「A領域とB領域の形の関係」、「C領域とD領域の明るさの差」……。

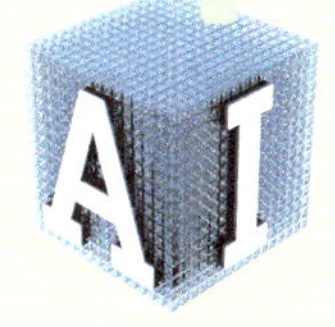
AI

AIが自分で考えてくれるのか!?

もっと知りたい

ディープラーニングは日本語で「深層学習」ともいう。

08 AIはどうやって“考えて”いるのか

ディープラーニングのしくみを、もう少しくわしくみてみましょう。

ディープラーニングでは、人工ニューロン（→64ページ）がいくつもの層をつくっています。それぞれの層は、「ノード」とよばれるバーチャルの（仮想）領域になっています。

最初にデータが入力されるところを「入力層」といい、その後ろにはたくさんの「隠れ層」があって、人工ニューロンが重み（→66ページ）の値に応じて次の層へ情報を送っていきます。

入力層に近い部分では、画像でいえば「まっすぐな線」などの単純な情報しか判別できません。でも、隠れ層を通るごとに、前の層で得られた情報がどんどん組み合わされて、より複雑な情報を判断できるようになります。

こうしていくつもの層で処理された情報は、「出力層」とよばれる層へたどりつき、人間にわかるように表示（出力）されます。

画像の情報

コンピューターの中で、画像はまず、ばらばらにされる。その後、線をあらわすフィルターを通ることで輪郭が認識される。

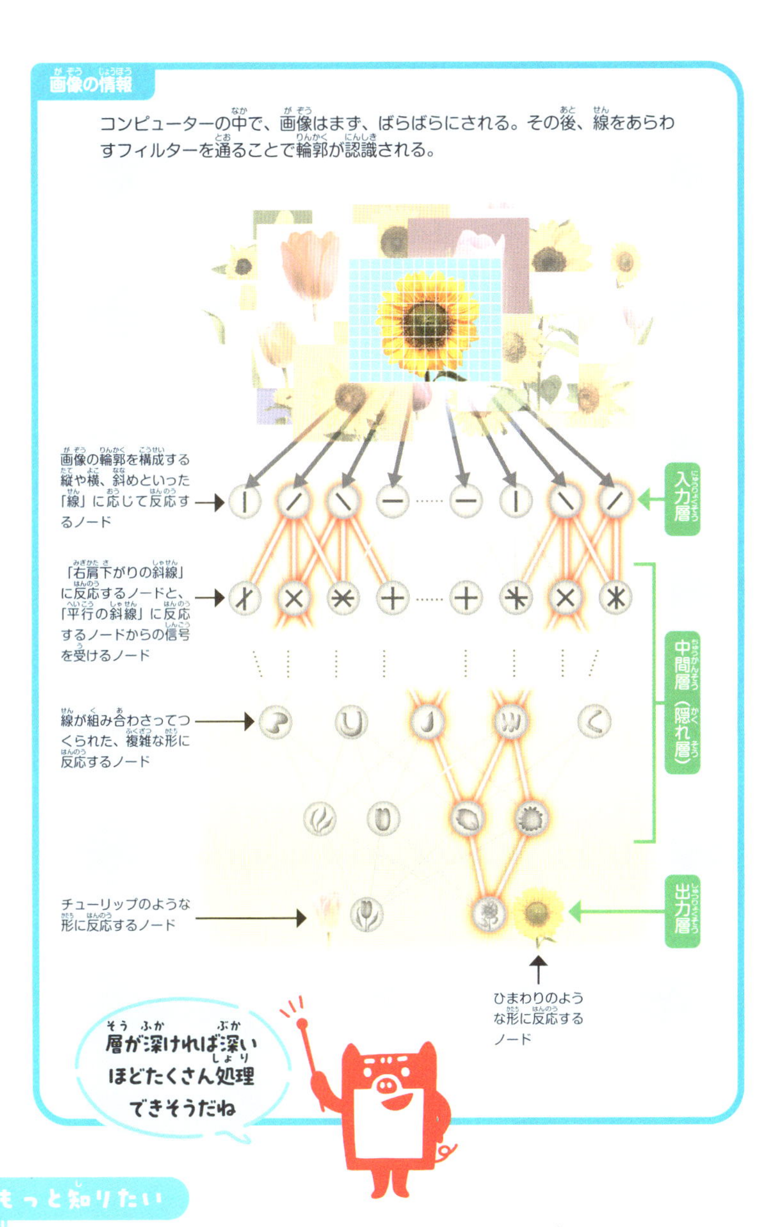

画像の輪郭を構成する縦や横、斜めといった「線」に応じて反応するノード
「右肩下がりの斜線」に反応するノードと、「平行の斜線」に反応するノードからの信号を受けるノード
線が組み合わさってつくられた、複雑な形に反応するノード
チューリップのような形に反応するノード
ひまわりのような形に反応するノード
入力層
中間層（隠れ層）
出力層
層が深ければ深いほどたくさん処理できそうだね

もっと知りたい

ノード（node）には、「結び目」「集合点」などといった意味がある。

やすみじかん

AIの開発には3度のブームがあった

ここでは、AIの歴史をひもといてみます。AI研究には、これまでに何度かブーム（さかんに行われた時期）がありました。

第1次AIブームは、1950年代後半から1960年代にかけておきました。AIがパズルや迷路を解いたり、チェスを指したりできるようになりましたが、当時のコンピューターの性能では、人に勝てるほど賢くはありませんでした。

第2次AIブームは、1980年代から1990年代のはじめごろにおきました。AIに知識やルールを教え込ませる「エキスパートシステム」とよばれるしくみが研究されましたが、データにない問題には対応できず、注目は薄れていきました。

そして、2010年代から2025年現在までつづく第3次AIブームがやってきました。AIがみ

ずからものの特徴を学習するしくみであるディープラーニング（→68ページ）の登場により、AIはぐんと賢くなったのです。

　現在はこのディープラーニングの手法がとくに注目され、さまざまな分野でAIの応用や研究が進んでいます。

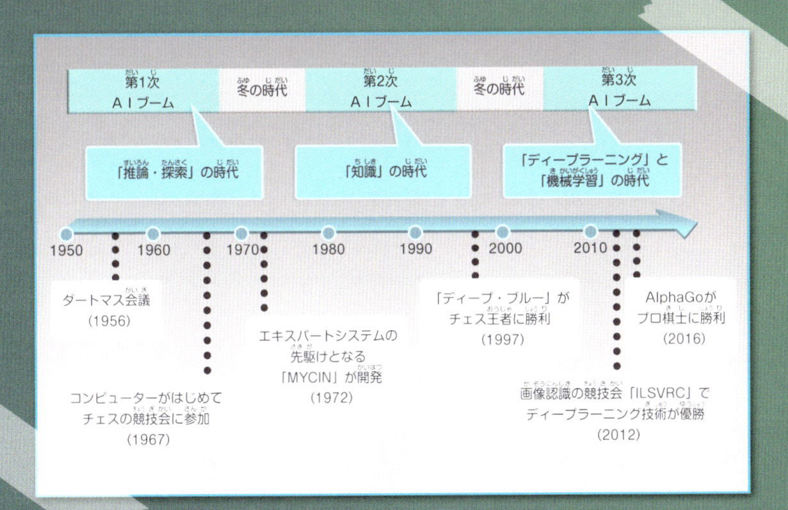

第1次
AIブーム
冬の時代
第2次
AIブーム
冬の時代
第3次
AIブーム
「推論・探索」の時代
「知識」の時代
「ディープラーニング」と
「機械学習」の時代
1950
1960
1970
1980
1990
2000
2010
ダートマス会議
(1956)
コンピューターがはじめて
チェスの競技会に参加
(1967)
エキスパートシステムの
先駆けとなる
「MYCIN」が開発
(1972)
「ディープ・ブルー」が
チェス王者に勝利
(1997)
画像認識の競技会「ILSVRC」で
ディープラーニング技術が優勝
(2012)
AlphaGoが
プロ棋士に勝利
(2016)

いろいろ
あったんだな～

09

インターネットによってAIはさらに賢くなった

68ページで紹介したディープラーニングのおかげで、AIは何千回も学習をくり返しながら、だんだん正しい答えを導き出せるようになりました。

実はディープラーニングは、開発された当初から優秀なシステムだったわけではありません。最初のうちは、ディープラーニングを使ってもAIが正しい答えにたどりつかないという問題がありました。その理由は、層が深くなるにつれて、人間による答え合わせの影響がうまく隠れ層（→70ページ）に伝わらず、重み（→66ページ）づけがうまくいかなかったからです。

近年は、答え合わせの方法を改良するなどして、かなり効率よく学習を行えるようになりました。また、インターネットの拡大とともに、使用できる画像データが爆発的にふえたことで、学習に使用するデータを簡単に準備できるようになったことも、AIが発展している理由です。

学習をくり返すAI

AIに機械学習を行わせるため、リンゴとイチゴの画像をたくさん入力する。これらの画像を1つずつ分類しては答え合わせすることで、不正解を少なくしていく。画像がたくさん入力されるほど、AIの判定は正確になっていく。

機械学習の終盤

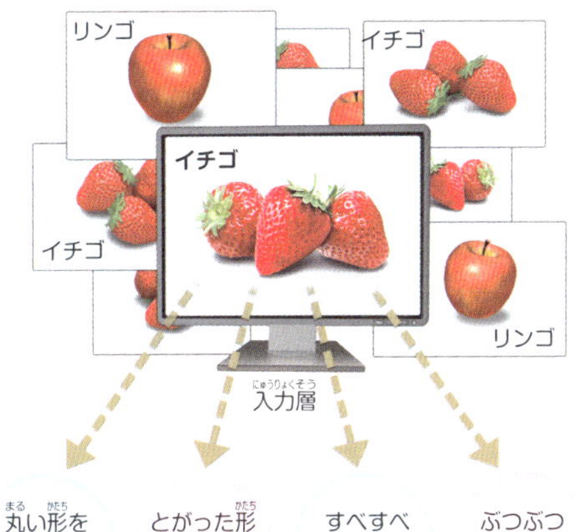

リンゴ
イチゴ
イチゴ
イチゴ
リンゴ

入力層

丸い形をしている	とがった形をしている	すべすべしている	ぶつぶつしている
20%	80%	10%	90%

隠れ層

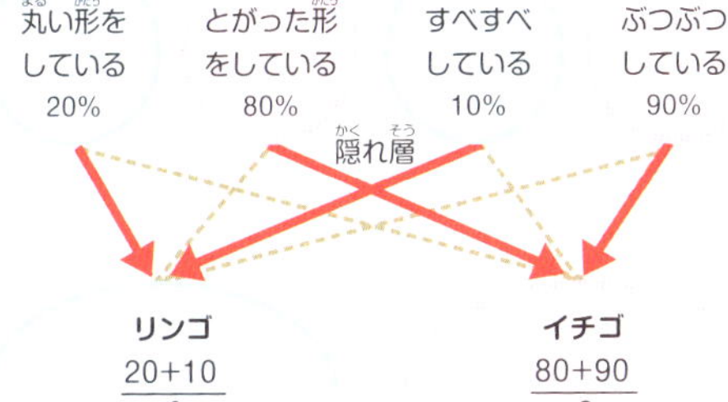

リンゴ	イチゴ
$\frac{20+10}{2}$ =15%	$\frac{80+90}{2}$ =85%

出力層

イチゴの確率は85%

いい感じ!

インターネットにつながってたくさん画像を読み込むことで、AIの判定はどんどん正確になるよ

もっと知りたい

プロセッサ（中央処理装置など）の開発が進んだことも、AIが発展している要因。

10 しっかり学んだはずのAIが正解にたどりつけなくなる？

AIは、学習をつづけるうちに、かえって新しいデータに対応できなくなってしまうことがあります。たとえば、AIにネコの画像をたくさん見せて学習させたにもかかわらず、「少しかわった姿をしたネコ」の画像をネコと認識できないことがあります。このAIは、学習用のデータにあったネコの特徴にとらわれすぎて、そこからはなれた特徴をもつネコを正しく認識できなくなったのです。これを「過剰適合」といいます。

過剰適合を避ける方法に、「ドロップアウト」があります。たとえば、学習の際に、ランダムに選んだ人工ニューロン（↓64ページ）を使わないように設定して学習させます。これを何度もくり返すことで、学習データにふくまれる何か1つの特徴にこだわりすぎることなく、より正確に「ネコ」を見分けられる特徴を見つけられるようになるのです。

AIが誤作動？

学習用データで
ネコの見分け方を学習

AIにネコの画像を見分けてもらうため、たくさんネコの画像を入力したとする。その結果、このAIは「耳の大きさ」をネコの特徴として見出した。しかし、実際はさまざまな大きさの耳をもつネコがいる。このAIは、「耳が大きいネコ」の画像を入力されると、その画像をネコと判別できなかった。ディープラーニングでは、このような「過剰適合」とよばれる問題が発生することがある。

AI

Q. 学習用データのネコと似たネコ
A. ネコ
ネコと認識できる

Q. 耳がとくに大きなかわったネコ
A. ？
ネコと認識できない

ネコにも
いろんなのが
いるからね

過剰適合を避ける「ドロップアウト」
ドロップアウトでは、一定の数の隠れ層の人工ニューロンをランダムに選び、それらを使わないようにしてAIに学習させる。これにより、特定の特徴にこだわりすぎることなく、より正確な判断ができるようになる。

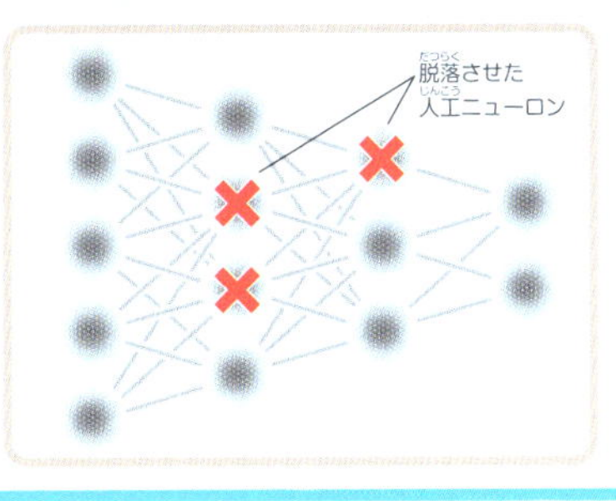
脱落させた
人工ニューロン

もっと知りたい
過剰適合は「過学習」「オーバーフィッティング」などともよばれる。

11 AIに"ごほうび"をあげると囲碁が強くなった

ここでは、2017年10月に登場した「AlphaGo Zero（アルファ碁ゼロ）」について紹介します。このAIは、24ページで紹介した人間に勝利できる囲碁AI「アルファ碁」のバージョンの1つです。

AlphaGo Zeroには、AI自体に試行錯誤をくり返させる「強化学習」という学習方法が使われました。過去の人間の対局データなどはあたえず、かわりに囲碁の

たった40日で最も強くなった「AlphaGo Zero」

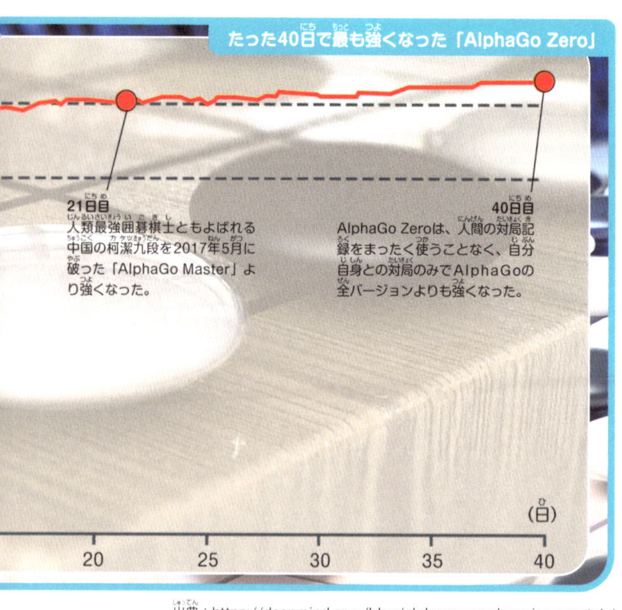
21日目
人類最強囲碁棋士ともよばれる中国の柯潔九段を2017年5月に破った「AlphaGo Master」より強くなった。
40日目
AlphaGo Zeroは、人間の対局記録をまったく使うことなく、自分自身との対局のみでAlphaGoの全バージョンよりも強くなった。
(日)
20
25
30
35
40

出典：https://deepmind.com/blog/alphago-zero-learning-scratch/

ルールだけを教えてAIどうしで対局させるのです。そして、より多く勝てる打ち筋に報酬（ごほうび）をあたえました。すると、より多くの報酬を得られる、つまりより多く勝てるようにAIはみずから試行錯誤して、最適な打ち筋を学習していきました。

その結果、AlphaGo Zeroは、たった40日間でほかのどのバージョンよりも強くなりました。これは、ディープラーニング（↓68ページ）と強化学習の合わせ技が成功した例といえます。

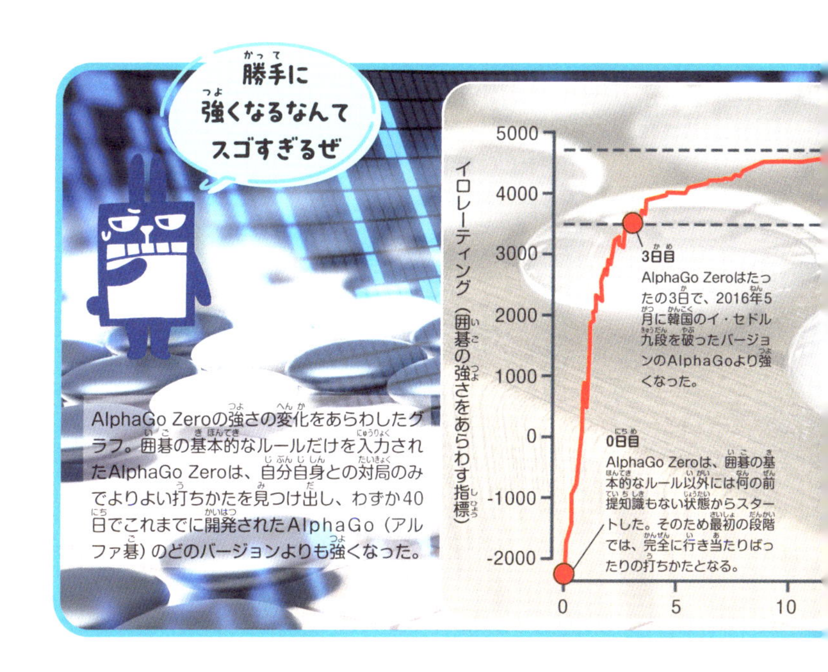

勝手に強くなるなんてスゴすぎるぜ
イロレーティング（囲碁の強さをあらわす指標）
5000
4000
3000
2000
1000
0
-1000
-2000
0
5
10
3日目
AlphaGo Zeroはたったの3日で、2016年5月に韓国のイ・セドル九段を破ったバージョンのAlphaGoより強くなった。
0日目
AlphaGo Zeroは、囲碁の基本的なルール以外には何の前提知識もない状態からスタートした。そのため最初の段階では、完全に行き当たりばったりの打ちかたとなる。

AlphaGo Zeroの強さの変化をあらわしたグラフ。囲碁の基本的なルールだけを入力されたAlphaGo Zeroは、自分自身との対局のみでよりよい打ちかたを見つけ出し、わずか40日でこれまでに開発されたAlphaGo（アルファ碁）のどのバージョンよりも強くなった。

もっと知りたい

2017年12月に登場した囲碁AI「AlphaZero」は、8時間でAlphaGo Zeroに勝った。

やすみじかん

画像は「数」に置きかえられる

AIはどのように画像を認識しているのでしょうか。

まず、画像の情報はすべて数値に置きかえられます。この数値には、色や明るさの情報がふくまれています。そして、人工ニューロン（→64ページ）を次々に伝わるうちに、その画像が何の画像かを認識します。

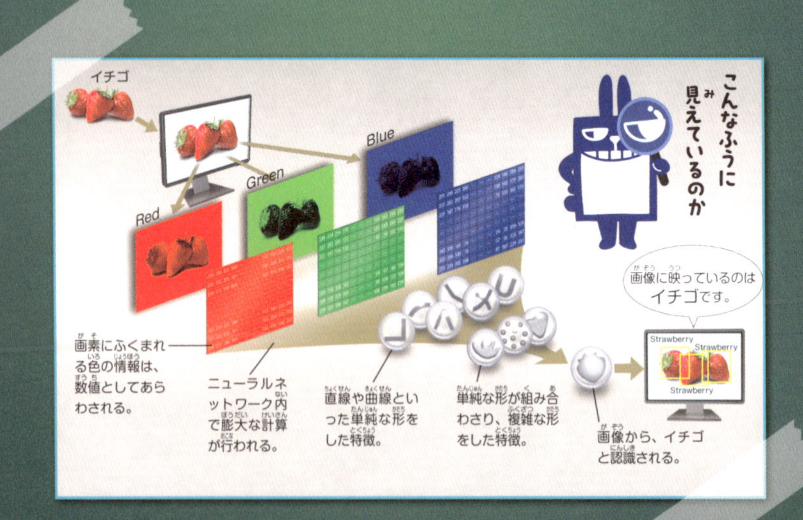
イチゴ
Red
Green
Blue
こんなふうに見えているのか
画像に映っているのはイチゴです。
Strawberry
Strawberry
Strawberry
画素にふくまれる色の情報は、数値としてあらわされる。
ニューラルネットワーク内で膨大な計算が行われる。
直線や曲線といった単純な形をした特徴。
単純な形が組み合わさり、複雑な形をした特徴。
画像から、イチゴと認識される。

3

じかんめ

AIにできること・できないこと

いろいろなことができるAIですが、まだ人間ほどうまくできないことや苦手なこともたくさんあります。ただし、AIにとって「まだできないこと」は、「これからできるようになること」でもあります。ここでは、AIの発展の道筋についてみていきましょう。

相手をよく知るのは大事だね

01 AIに求められている6つの力

下の図は、AIがこれからどんな力を身につけていくかを予想したものです。能力1の画像認識については、AIはすでにかなり上手にできるようになっています。

AIが次に身につける能力2は、たとえば「暖かい気温」「花のにおい」などの情報から、形のない物事（概念）である「春」を連想できるようになります。

能力3は、たとえば「ドアを押

AI進化の未来予想図

AIが今後どのように進化するか予想した図。AIがそれぞれの能力を身につける時期については、大まかな予測である。AIが新しい能力を得るたびに、AIが活躍する場が広がっていくと考えられる。

2010年代
画像を正確に見分けられる
能力1
能力2
複数の感覚データを使って特徴をつかむ

すと開く」などといった、自分の動作と、それがもたらす結果を組み合わせて考える力です。能力4は、たとえば「ガラスのコップはかたい」という感覚がわかるようになります。
　言葉に関する能力5は、4じかんめで紹介するチャットGPTの登場により、かなり進みました。このまま人間の言葉への理解が進めば、能力6の知識や常識についても理解できるようになり、より自然に人間とコミュニケーションがとれるようになります。

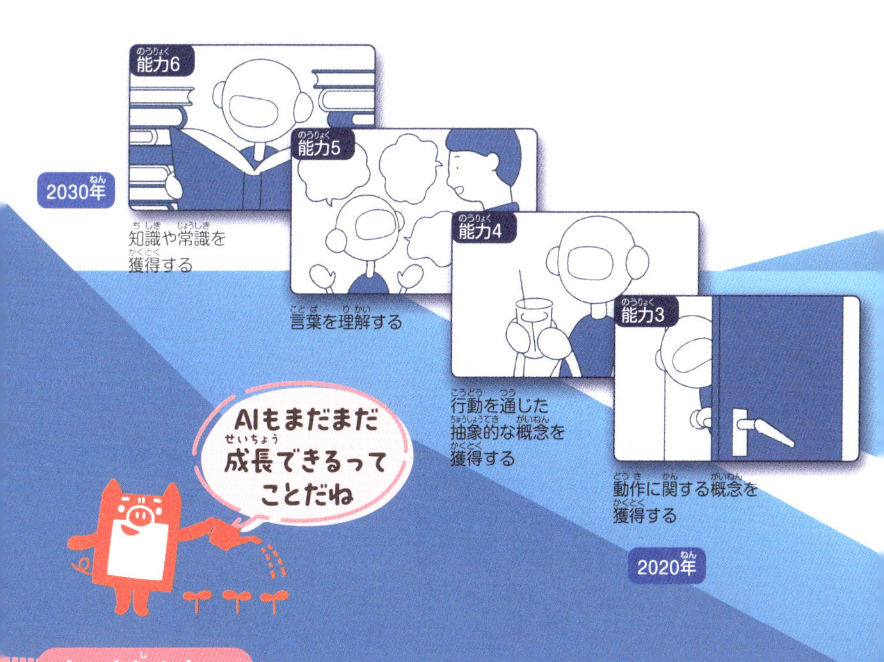

能力6
2030年
知識や常識を獲得する
能力5
言葉を理解する
能力4
行動を通じた抽象的な概念を獲得する
能力3
動作に関する概念を獲得する
2020年
AIもまだまだ成長できるってことだね

もっと知りたい

能力6を身につけたAIは、人間の心にも共感できるようになると考えられる。

02 AIは「いろいろ総合して考える」が苦手

ここでは、あるたとえ話を紹介します。洞窟の中に時限爆弾がついたバッテリーがあります。AIロボットの1号機に「取ってきて」と命令したところ、1号機は爆弾をはずさずにバッテリーを運んで爆発してしまいました。

そこで2号機には「何か行動するときは、それによっておきる結果も考えて」と命令しました。すると、2号機はバッテリーの前で立ち止まり、命令とは関係ないことを考えはじめ、やはり爆発してしまいました。

次に3号機に「命令に関係のあるものとないものを分けてから行動して」と命令しました。すると、3号機は洞窟に入る前に立ち止まってしまいました。命令に無関係のことがありすぎて、分ける作業がおわらなかったのです。

このように、AIは枠組やルールのない問題では無限に考えつづけてしまいます。これを「フレーム問題」といいます。

どこまで考えるべきかがAIにはわからない

アメリカの哲学者デネットが考えたたとえ話（思考実験）。洞窟の中にある時限爆弾つきのバッテリーを、AIを搭載したロボットに取ってきてもらう。

BATTERY
1号機

①「バッテリーを取ってきて」
この命令に対し、1号機は爆弾ごとバッテリーを取ってきてしまった。「バッテリーを運ぶと時限爆弾がついてきて爆発する」ことが理解できなかったのだ。

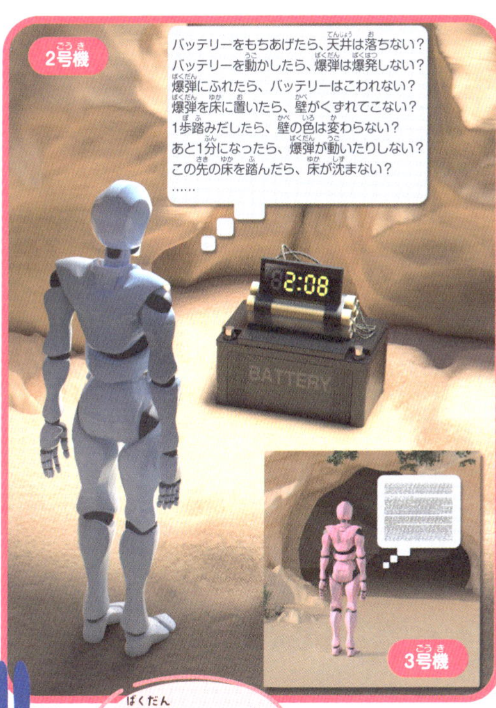

2号機
バッテリーをもちあげたら、天井は落ちない？
バッテリーを動かしたら、爆弾は爆発しない？
爆弾にふれたら、バッテリーはこわれない？
爆弾を床に置いたら、壁がくずれてこない？
1歩踏みだしたら、壁の色は変わらない？
あと1分になったら、爆弾が動いたりしない？
この先の床を踏んだら、床が沈まない？
……
2:08
BATTERY
3号機

②「何か行動するときは、それによっておきる結果も考えて」
この命令に対し、2号機はバッテリーの前で立ち止まり、命令に関係ないありとあらゆることを考えはじめてしまった。

③「命令に関係のあるものとないものを分けてから行動して」
この命令に対し、3号機は洞窟の前で立ち止まってしまった。命令に無関係なものは周囲にたくさんあり、なかなか分ける作業が終わらなかったためだ。

爆弾をはずせばいいだけなのにAIにはわからないんだな

もっと知りたい

人間の脳がどのようにフレーム問題を解決しているのかはまだわかっていない。

03 AIには「本当の世界」が見えていない

ここでもたとえ話を紹介します。シマウマを知らない小さな子どもに、「シマウマはしま模様のあるウマです」と教えました。その子は、「ウマ」も「しま模様」も見たことがあり、意味を知っていたので、「しま模様のあるウマ」がどんな動物かなんとなく想像できました。さらに、実際にシマウマの姿を見たときに、「これがシマウマかな」と思うことができました。

ではAIの場合はどうでしょう。AIは、「ウマ」や「しま模様」を、コンピューター上の記号（文字列）として認識しているだけです。だから、AIに「シマウマは、しま模様のあるウマだ」と教えても、「ウマ」と「しま模様」の2つの記号を合わせた、新たな記号をつくるだけです。

つまりAIには、この世界にあるものがどんな姿をしているか理解することはできないのです。これを「シンボルグラウンディング問題」といいます。

人間の子どもとAIの考えかたのちがい

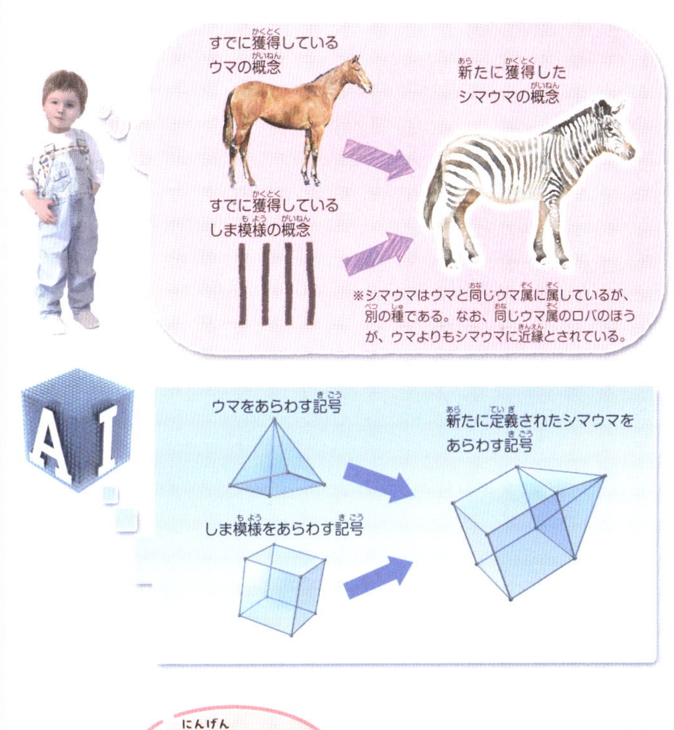
すでに獲得しているウマの概念
新たに獲得したシマウマの概念
すでに獲得しているしま模様の概念
※シマウマはウマと同じウマ属に属しているが、別の種である。なお、同じウマ属のロバのほうが、ウマよりもシマウマに近縁とされている。
AI
ウマをあらわす記号
新たに定義されたシマウマをあらわす記号
しま模様をあらわす記号

人間とは見えている世界がちがうんだね

子どもとAIに「シマウマはしま模様のあるウマ」と教えた。子どもはすでに知っている「ウマ」と「しま模様」を組み合わせて「シマウマ」がどんなものか想像できる。一方で、すべてを記号として認識しているAIは、新たにつくられた「シマウマ」の記号がもつ本当の意味を理解できない。これがシンボルグラウンディング問題だ。

もっと知りたい

シンボルグラウンディング問題は日本語で「記号接地問題」ともいう。

やすみじかん

AIに“目の錯覚”をさせる実験

左下の図を見てみましょう。まるで図の一部がぐるぐるまわるように見えてきませんか？　この図は「蛇の回転錯視」とよばれています。

実は、私たちが見ている目の前の風景は、その風景から予測した少し先の未来の風景だという説があります。蛇の回転錯視の場合、「この見た目のものは回転するだろう」と脳が勝手に予想しているため、回転して見えるというわけです。これを「予測符号化」といいます。しかし、本当にこの説が正しいのかどうかは、長らく誰にもわかりませんでした。

この予測符号化のしくみをAIにあたえ、蛇の回転錯視の画像を見せた実験があります。すると、AIもやはり画像が回転していると“目の錯覚”をおこしました。この実験から、蛇の

回転錯視は予測符号化が原因でおきていることが証明されました。同時に、予測符号化が脳のしくみとして正しいらしいことがわかりました。

04

「得意なことだけできるAI」と「いろいろできるAI」

AIには、「特化型AI」と「汎用AI」の2種類があります。現在、社会で活躍しているのは「特化型AI」です。

特化型AIは、特定の問題を解決したり、特定の仕事をしたりするよう設計されたAIです。たとえば、画像認識AIは、画像認識は得意ですが、それ以外のことはできません。

それに対し、さまざまな問題に対応できるのが「汎用AI」です。たとえば「家事」や「患者の診察」のように、やることの幅が広くて複雑な仕事に取り組むことができます。何かアクシデントがおこっても、人間のように柔軟に対応ができます。

AIは本来、「人と同じように考えることができる賢いコンピューター」であることをめざしたものなので、汎用AIこそが、「人工知能」の名にふさわしい〝本当のAI〟といえます。ただし、汎用AIはまだ完全な形では完成していません。

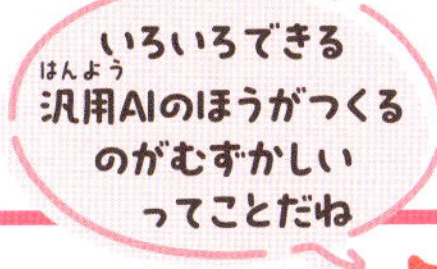
いろいろできる
汎用AIのほうがつくる
のがむずかしい
ってことだね

特化型AI

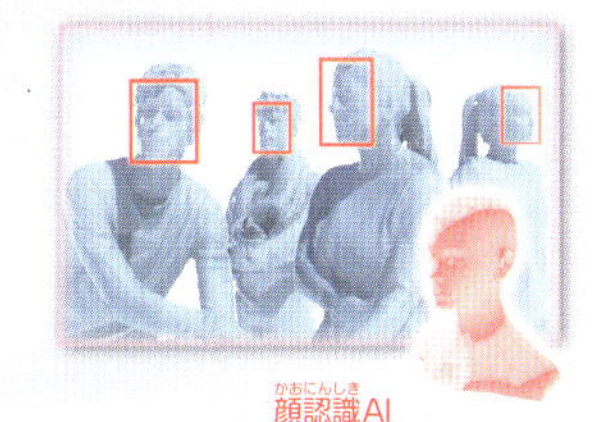

顔認識AI

その条件に合う
レストランは
5軒あります

スマートスピーカー搭載AI

自動運転AI

囲碁、自動運転、顔認識など、特定の仕事に特化したAI。AIの設計がしやすく、性能をテストしやすいという特徴がある。

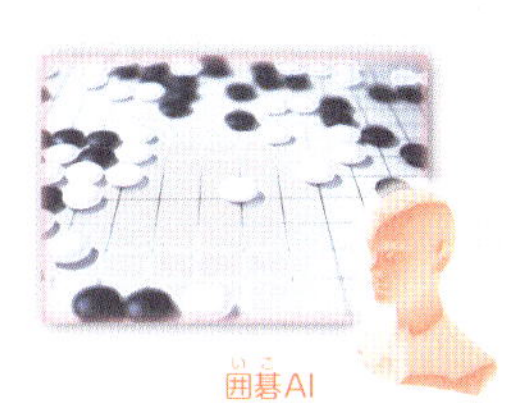

囲碁AI

汎用AI

配達

運転したり荷物を運んだりするだけでなく、配達先が不在だったり、事故をおこしたりしたときへの対応が求められる。

決められた課題だけではなく、複雑で新しい課題にも臨機応変に対応できるAI。

患者の診察

患者とコミュニケーションをとりながら、必要に応じて画像分析、論文や医学書などの調査などを行う。

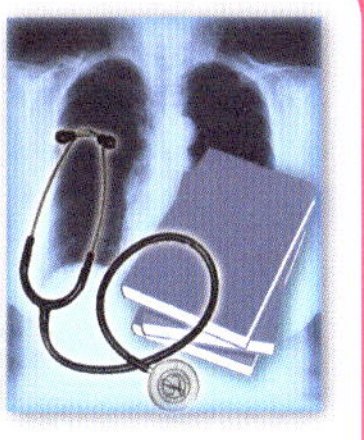

家事

家の間取りを把握したうえで、いろいろな道具を使いこなしながら、料理、洗濯、掃除などさまざまな仕事をする必要がある。

もっと知りたい

汎用AIはAGI（Artificial general intelligence）ともよばれる。

05

人間のように「いろいろできるAI」をつくる

現在活躍しているAIの多くは、私たちの脳の神経細胞のしくみをまねたニューラルネットワーク（↓64ページ）で学習しています。

ニューラルネットワークでは、いくつかのモジュール（プログラムのかたまり）が組み合わさっています。少し前までのAIは、モジュールを特定の問題に応じて組み合わせているため、その問題しか解けない構造になっていました。前のページで紹介した「特化型AI」の多くも、このようにしてつくられています。

一方で、人間の脳のしくみに学んで、モジュールを自動的に組み合わせる機能を組み込むことで、人間のように考え、人間となじみやすい汎用AIをつくることができるのではないかと考えられています。

日本でも、そうしたしくみで動く汎用AI「全脳アーキテクチャ」の開発が進んでいます。

人間の脳をお手本にAIをつくる

「全脳アーキテクチャ」は、全脳アーキテクチャ・イニシアティブ代表の山川宏博士たちが進めるプロジェクト。それぞれのモジュールをさらに細かいはたらきに分けることで、人間の脳と同じような機能をもつ汎用AIをつくることをめざしている。全脳アーキテクチャでは、認識や行動にかかわるさまざまな機能をになう「大脳新皮質」や、記憶の形成に関わる「海馬」など、人間の脳のパーツに相当するさまざまなモジュールがつくられている。

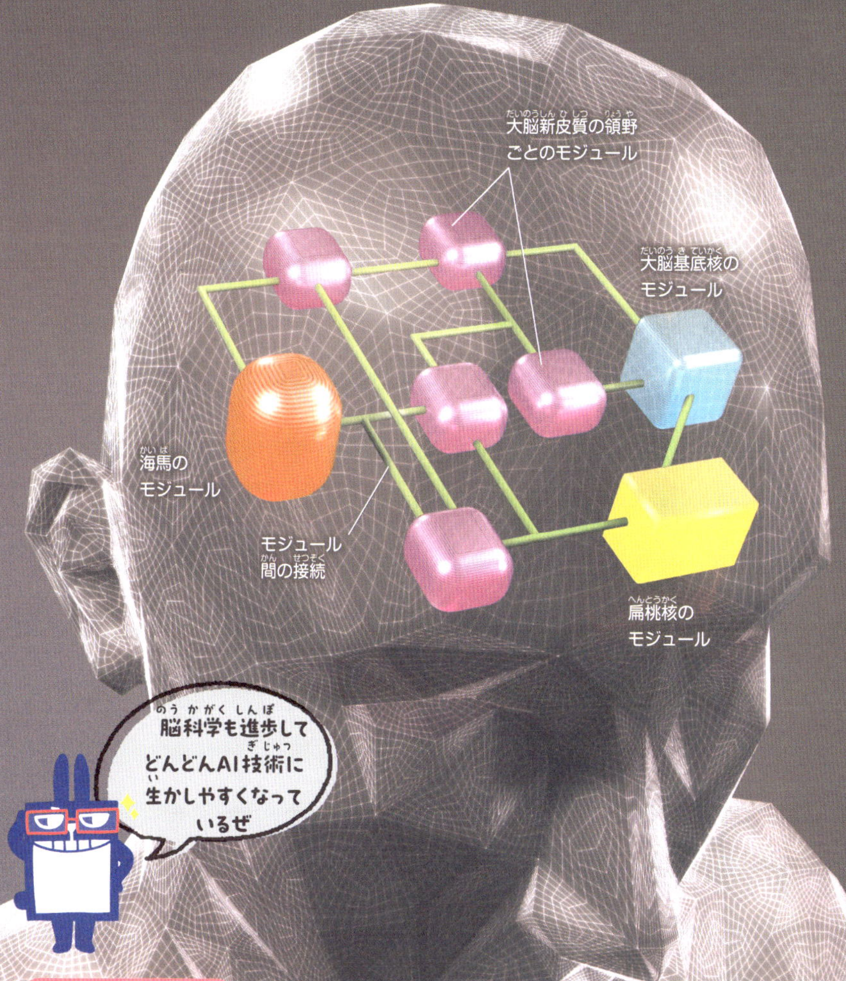

大脳新皮質の領野ごとのモジュール
大脳基底核のモジュール
海馬のモジュール
モジュール間の接続
扁桃核のモジュール
脳科学も進歩してどんどんAI技術に生かしやすくなっているぜ

もっと知りたい

全脳アーキテクチャは2030年までの完成をめざしている。

やすみじかん

AI研究は人間の知能の研究でもある

1997年に、チェス専用AI「ディープ・ブルー」がチェスの世界王者に勝利しました。そのとき、「チェスは単純なゲームだから、コンピューターにもできて当たり前」という意見があったそうです。

これは、「AIは知能をもっていない」と考えたがる心のしくみがはたらいたためです。私たちは、無意識のうちに「知能」を特別なものとみなしていて、AIが知能をもつことに恐怖を感じているといわれています。

そもそも「知能」とはいったい何なのでしょうか。そのしくみは、まだ解き明かされていません。もし、人間の脳をまねてつくられたAIが、人間と同等か、それ以上の知能をもつことになれば、私たちがもつ知能のしくみも明らかになるかもしれません。つまり、人間のようにものを考えることができる汎用AI（→90ページ）の完成は、「知能」そのもののひみつを知ることにつながるのです。

AIはこれから、さまざまな分野で人間の知能をこえると考えられます。そのたびに「人間にしかできないこと」は減っていき、「知能とは何か」の答えもかわっていくでしょう。

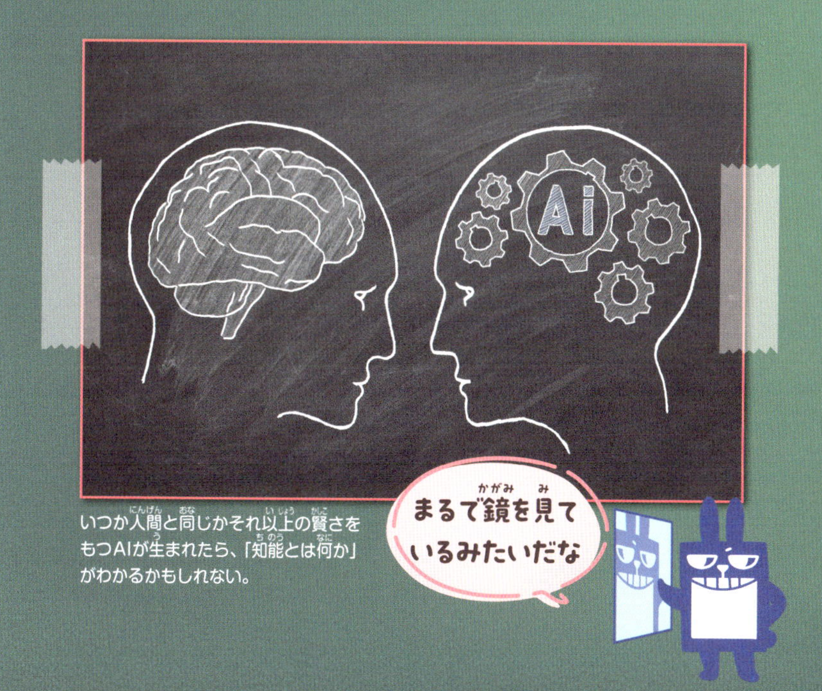
Ai
まるで鏡を見ているみたいだな

いつか人間と同じかそれ以上の賢さをもつAIが生まれたら、「知能とは何か」がわかるかもしれない。

06 AIを進化させるためには「体」が必要

AIは、画像認識など、人間でいう「視覚」にあたる能力はすでにもっています。AIをさらに賢くするために、聴覚、嗅覚、触覚など、ほかの感覚の情報をふやしていけばいいのではないか、という考えかたがあります。

ただし、情報がどんなにふえても、情報と情報をうまくつなげられなければ、シンボルグラウンディング問題（→86ページ）が解決できません。

そこで、AIに情報どうしのつながりを「経験」させるために「AIにロボットの体をもたせる」という方法が考えられています。

人間は、子どものうちからいろいろなものを見て、聞いて、触れて、嗅いで、さまざまな経験をします。そうして現実世界のしくみを理解し、物事を考えることができるようになります。同じように、AIも〝自分の体〟でたくさんのことを経験すれば、より賢くなるのではないかとされています。

体があるとAIはさまざまな経験ができる

もし、AIに触覚があれば、「コップはかたいが、力を入れすぎると割れる」ということが学習できるだろう。嗅覚があれば、「近くに花が咲いている」とわかるし、聴覚があれば「ハトの鳴き声だ」などと判断することもできるだろう。ロボットの"体"をもたせれば、AIにこうした「経験」をさせることができるという。

AIが体をもてば
いろいろな感覚が
身につきそうだね

「知能」をもつには体が必要？

人間は、身体を通じてまわりの環境から情報を得ます。また、身体を通じてまわりに働きかけながら、現実世界からさまざまなことを学びます。AIが人のような知能を手にするには、このように人間と同じ方法を取ることが必要だという考えかたもあります。

人間の子ども

ロボットのイメージ

もっと知りたい

実際のロボットではなく、仮想空間でAIに体をもたせる研究もある。

07 AIに「心」をもたせることはできるの？

AIは、人間とまったく同じようにものごとをとらえているわけではありません。だから、ディープラーニング（↓68ページ）でAIが見つけた物事の特徴やグループ分けのしかたは、多くの場合、人間が見ても理解できません。

また、AIには「心地よい」や「美しい」などの感覚を理解することはむずかしいとされています。

それなら、もしAIが「心」を

見えている世界は生物によってちがう

ドイツの生物学者ユクスキュルは、すべての生物がそれぞれの心にもとづいた世界をもっているとする「環世界」という説をとなえた。たとえば、目が退化したモグラには視覚がないが、すぐれた嗅覚で獲物の場所を察知する。つまり、モグラは嗅覚で世界を“見て”いるともいえるのだ。こうした見かたでいえば、AIが人間とは異なる「世界」をもつことになったとしてもふしぎではない。

モグラの世界

カタツムリの世界

もつことがあったとしても、それは私たちが思っているのとはちがうものになるかもしれません。
　ただし、これは人間以外の生き物にも同じことがいえます。たとえば、イヌやネコに「心」があるかと聞かれたら、「ある」と答える人が多そうですね。では、小さな虫はどうですか？
　どんな生き物にも、その生き物なりの「心」がある可能性があります。同じように、AIに独自の「心」が生まれてもおかしくないのです。

AIには世界がどんなふうに見えているんだろうなぁ

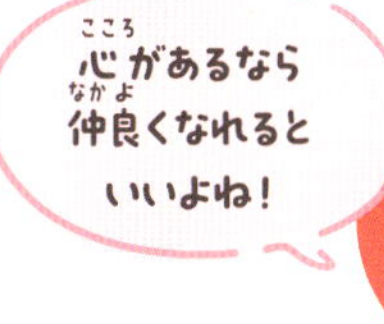
心があるなら仲良くなれるといいよね！

AIの世界（イメージ）
人間の世界

もっと知りたい

85ページで紹介した哲学者デネットは、「心とは理解する力である」と提唱した。

08 “好奇心”でAIは進化する可能性がある

　この本を読んでいるみなさんは、きっと「知りたい」「やってみたい」という好奇心がおうせいな人ばかりでしょう。もちろん科学の発展にも好奇心が欠かせません。人間は、好奇心をもっているからこそ、新しい情報を得たり、技術を身につけたりしてこられたのです。
　一方で、AIには好奇心がないので、人間に「これについて考え

AIに好奇心の“あかり”はともるか
ぼくにも読ませて〜！
好奇心があればどんどん世界が広がっていくぜ

これまで知らなかったことを知ったり、新しい考えかたに触れたりすることは、まるで真っ暗な場所を小さなあかりで少しずつ照らしていく作業のようだ。この好奇心という名の“あかり”をAIがもてば、AIはみずからさまざまな知識を吸収し、より賢くなっていくだろう。

て」と命令されない限り、自分から新しいことを考えることはしません。

では、AIに「好奇心」をあたえれば、人の知能に近づくのではないでしょうか?

たとえば、「新しいことを考える」ことそのものを目標に設定すれば、それがAIにとっての「好奇心」としてはたらく可能性があります。いつか、「新しいことを考えたり知ったりするのは楽しい」と、AIが理解する日がやってくるかもしれません。

もっと知りたい

マウス（ネズミ）はボールをそばに置くと遊ぶ。小さな動物にも好奇心があるのだ。

やすみじかん

AIにコーヒーをいれてもらう

そのAIが汎用AI（→90ページ）かどうかは、「はじめて訪れる家に上がってコーヒーをいれられるかどうか」という「コーヒーテスト」で判断します。

玄関のドアを開け、キッチンを探し、コーヒーメーカーを見つけて豆と水をセットし……と、人間のように複雑に考えることができなければ、このテストはクリアできません。

AIがコーヒーを
いれてくれたら
うれしいよな

このテストをクリアするには、「家」「キッチン」「コーヒー」とは何かをAIが理解しなければならない。ほかにも、ドアは押すべきか引くべきか、コーヒーメーカーがなければどうするか、など判断すべきことがたくさんある。

4
じかんめ

生成AIのひみつ

みなさんは「チャットGPT」を知っていますか？　中には「使ってみたことがある」という人もいるかもしれませんね。チャットGPTのように、文章や画像などを自分でつくることができるAIを「生成AI」といいます。そのしくみをみてみましょう。

AIとお話しできるよ！

01 文章を自分でつくれる「チャットGPT」

2020年代から、まるで人間のように自然な文章で質問に答えてくれる「チャットGPT（↓106ページ）」や、文章でイメージを入力するだけでイラストや画像をつくってくれる「画像生成AI（↓124ページ）」などが話題になっています。

このように、人間の指示にしたがって、文章や画像、音楽、動画などをつくってくれるAIを「生成AI」といいます。

ここからは、まずチャットGPTについてくわしく紹介していきます。チャットGPTのように、人間とAIが言葉でやり取りできるシステムを「チャットボット」といいます。スマートフォンなどに搭載されている音声アシスタント（↓40ページ）も、チャットボットの一種です。でも、チャットGPTは自分で文章をつくる(生成する)ことができるのが、これまでのチャットボットとはちがうところです。

ネコは、やわらかい体としなやかな動きが特徴の小さな動物です。ペットとして人気があり、家で飼う人も多いですよね。ネコの体には、毛がふわふわと生えていて、いろんな色や模様があります。たとえば、白いネコ、黒いネコ、茶色いネコ、三毛猫など、さまざまです。
チャットGPTにきいたネコの特徴
チャットGPTに「ネコという動物の特徴を子どもにわかるように教えてください。」と質問した。その答えの一部を紹介する。
オレより作文うまくないか!?
GPT
ネコは「にゃー」と鳴きますが、人間に話しかけるときに特に鳴くことが多いです。人に「こっち見て！」とか、「おなかがすいた！」と伝えたいときに使うことが多いんですよ。
足の裏には「肉球」というやわらかいクッションのような部分があって、歩くときに音を立てずに静かに歩けるんだよ。
ネコはとってもよく寝ます。1日に10～15時間も寝ることが多く、寝ているときに体のエネルギーをためたり、リラックスしたりしています。

音声アシスタントとチャットGPTのちがい

音声アシスタントなど、これまでのチャットボットは、あらかじめ人間が会話の目的や内容を予想してシナリオをつくり、それに沿ってAIが答えるというものでした。そのため、シナリオにない質問にはうまく答えられません。チャットGPTは、シナリオ通りに答えるのではなく、その質問への答えとして使われる確率の高い言葉や文を組み合わせて、自分で文章をつくりあげます。だから、自然な文章で人間とやり取りできるのです。

もっと知りたい

シナリオに沿ってAIが応答するシステムを「ルールベース型」という。

02

チャットGPTの“中”にあるAI技術

「チャットGPT（ChatGPT）」には、「GPT」というAIが使われています。

GPTの得意技は、「つづきの文章を予想すること」です。たとえば、「今日」「は」と入力されると、そのつづきとして、「天気」「が」「いい」「の」「で」「洗濯」「を」「します」などと、次に来る可能性が高い言葉を予測できるのです。

GPTには、「トランスフォーマー（Transformer）」という名前の技術が使われています。

トランスフォーマーは、あたえられた文章にふくまれている言葉どうしの関係をつかみ、どの言葉とどの言葉が意味としてつながっているかを理解するためのしくみです。

トランスフォーマーは、画像など言葉以外のデータどうしの関係も把握できるので、画像生成AI（↓124ページ）などにも使われています。

チャットGPTができるまで

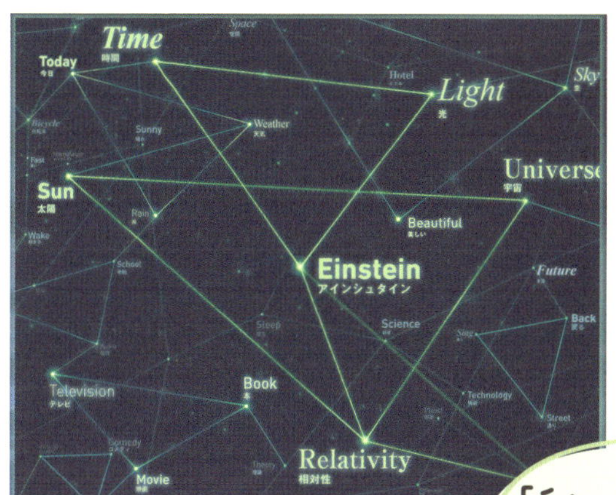

Time
時間
Today
今日
Space
Hotel
Light
光
Sky
Weather
Sunny
Universe
宇宙
Sun
太陽
Rain
Beautiful
美しい
Wake
School
Einstein
アインシュタイン
Future
Sleep
Science
Back
Television
テレビ
Book
本
Technology
Street
Comedy
Relativity
相対性
Movie

トランスフォーマー（Transformer）
AIが、あたえられた文章にふくまれる言葉どうしのつながりを理解するためのしくみ。たとえば、「ぼくは本を読む」という文章では、「本」と「読む」がたがいに関係のある言葉だ。トランスフォーマーでは、このような言葉どうしの関係をすばやく見つけられる。

今日
は
???
GPT
Einstein
Relativity
事前に学習した単語どうしの関係
今日
は
天気
が
いい
……

GPT
トランスフォーマーの技術をもとにつくられたAI。あたえられた文章につづく言葉を予測することで、自分で文章をつくることができる。

「チャットGPT」の「GPT」がAIの名前なんだよ

空が青いのはなぜですか？
GPT
空
が
青い
のは
大気
が
光
を
散乱
……

チャットGPT（ChatGPT）
GPTを利用したAI対話サービス。入力された質問の文章につづく言葉を予測することで、質問に答えることができる。

もっと知りたい

トランスフォ　マ　はもともと自動翻訳のためにつくられたしくみ。

やすみじかん

AIの技術で脳のしくみを再現できる？

私たちの脳には「連想記憶」というはたらきがあります。

たとえば、友だちの名前を聞くと、その友だちの顔や、遊んだ場所、話した内容などが

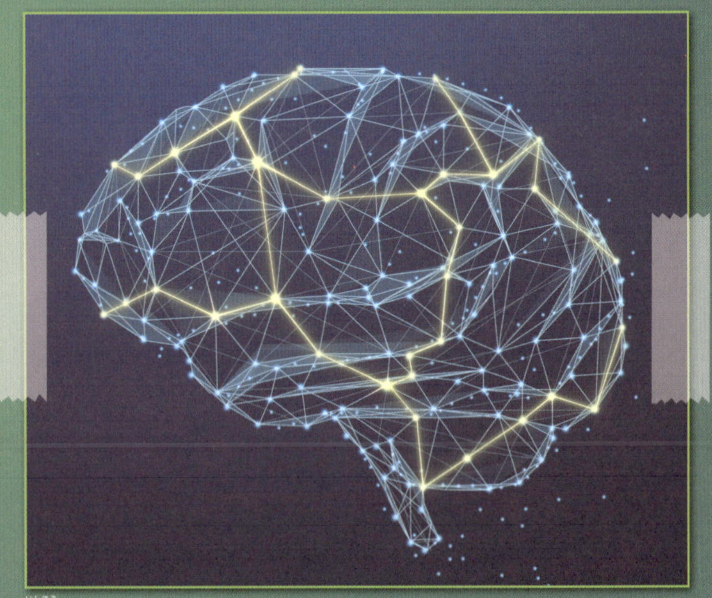

人工ニューロンどうしがつながったニューラルネットワーク（→64ページ）のイメージ。AIのしくみを研究していくと、思いがけず人間の脳のしくみを解き明かすヒントが得られることがあるようだ。

思い出されますね。このように、記憶の一部から、その記憶に関係のあるさまざまなことを次々に思い出すしくみです。

この連想記憶のはたらきを再現してつくられたのが、ニューラルネットワーク（→64ページ）の一種である「ホップフィールドネットワーク」です。ホップフィールドネットワークは、すべての人工ニューロンがつながり合い、おたがいに情報をやり取りしています。

このホップフィールドネットワークに少し修正を加えてやると、トランスフォーマー（→106ページ）とほぼ同じはたらきをすることがわかりました。いいかえると、連想記憶のしくみはトランスフォーマーのしくみに似ているということがわかったのです。

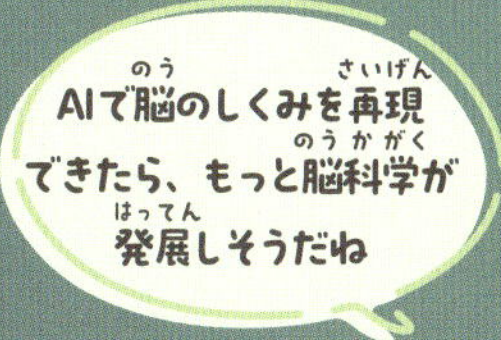
AIで脳のしくみを再現できたら、もっと脳科学が発展しそうだね

生成AIは「穴埋め問題」を解いて賢くなった

2じかんめで紹介したように、AIはたくさんのデータから学習することで、どんどん賢くなっていきます。

チャットGPTのAIも、膨大な量の文章データを読み込みました。たとえば、2020年にリリースされた「GPT-3」というバージョンでは、ニュース記事、事典サイト、個人のブログ、科学の論文などありとあらゆる種類の

うネコが ある
好き
計算練習
3＋5＝8
4＋9＝13
世界の情報.com
日本の首都は
東京
Q. 3+5= ??
Q. 日本の首都は ??
②穴埋め問題をチャットGPTのAIであるGPTに解かせ、答え合わせをする。
③ ①と②をくり返す。これによりGPTが、文章だけでなく翻訳や計算もできるようになる。

文章を読み込み、およそ4兆個もの単語を学習したそうです。
学習の際には、文章の一部をかくして、そこにどういう言葉が入っていたかを当てさせる「穴埋め問題」のような方式がとられました。たとえば、「可愛いからネコが好き」という文章の「好き」という部分だけを隠し、チャットGPTにその部分にどういう言葉が入るか答えさせました。
このようにして、チャットGPTは文章の次に来る言葉を正確に予測できるようになったのです。

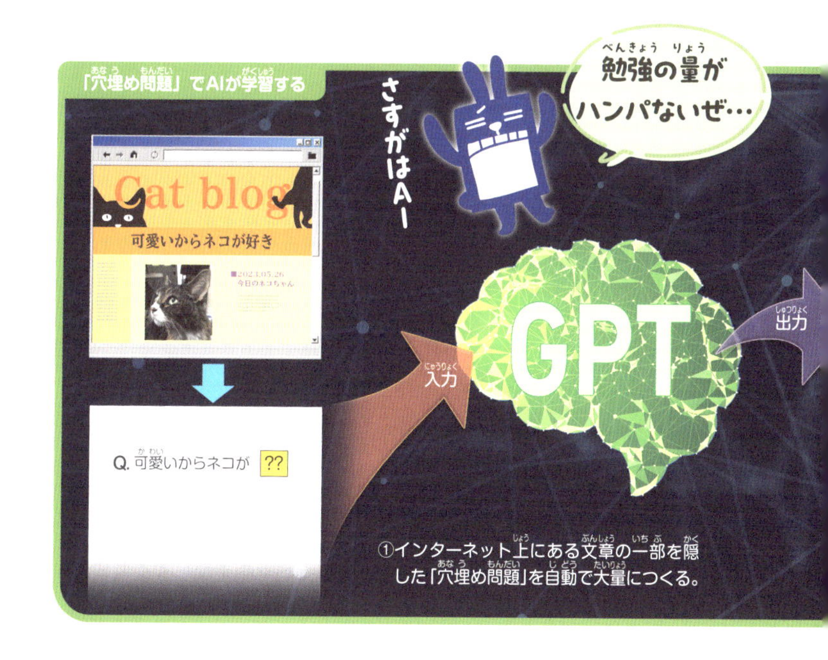
「穴埋め問題」でAIが学習する
さすがはAI
勉強の量がハンパないぜ…
Cat blog
可愛いからネコが好き
Q. 可愛いからネコが ??
入力
GPT
出力
①インターネット上にある文章の一部を隠した「穴埋め問題」を自動で大量につくる。

もっと知りたい
2024年5月に公開されたGPT-4oは、文章も画像も認識できる。

04 チャットGPTが上手な文章をつくれる理由

GPT（↓106ページ）は、ある文章の次に来る単語を予測して出力することで、文章をつくっています。そのために、前のページで紹介したように、インターネット上から大量の文章データを読み込み、学習します。

ただし、ただ人間の言葉を学習するだけでは不十分です。

たとえば、「学校へは何で行く？」と「通学手段を教えて」は、表現がちがいますが、同じ内容の質問ですね。

でも、ただ言葉を学んだだけのAIには、少し質問の表現がかわるだけでうまく答えられなくなってしまうのです。

また、インターネット上の文章には、暴力的なものや差別的なものもたくさんあります。AIには常識が備わっていないので、よくない言葉を学習して使ってしまう恐れがあるのです。

そんなGPTの〝弱点〟を調整して、上手に人間と話せるようにしたのがチャットGPTというわけです。

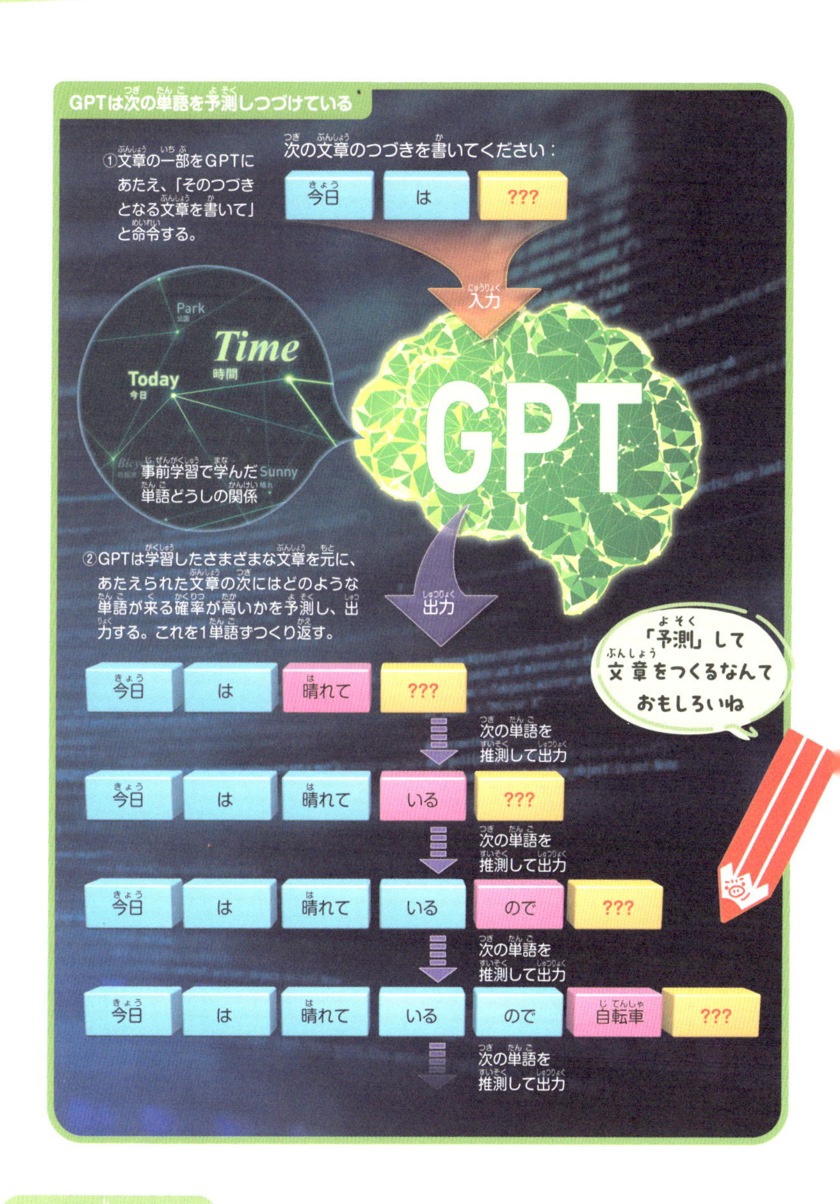
GPTは次の単語を予測しつづけている
①文章の一部をGPTにあたえ、「そのつづきとなる文章を書いて」と命令する。
次の文章のつづきを書いてください：
今日
は
???
入力
Park
公園
Time
時間
Today
今日
Sunny
事前学習で学んだ単語どうしの関係
GPT
②GPTは学習したさまざまな文章を元に、あたえられた文章の次にはどのような単語が来る確率が高いかを予測し、出力する。これを1単語ずつくり返す。
出力
今日 は 晴れて ???
次の単語を推測して出力
今日 は 晴れて いる ???
次の単語を推測して出力
今日 は 晴れて いる ので ???
次の単語を推測して出力
今日 は 晴れて いる ので 自転車 ???
次の単語を推測して出力
「予測」して文章をつくるなんておもしろいね

もっと知りたい

学習を終えたAIを人間が調整することをファインチューニングという。

05 チャットGPTはいろいろな〝キャラ〟になれる

チャットGPTは、いろいろな「キャラ」になりきることができます。たとえば「5歳の子どもになって」と入力すれば子どもらしい口調になり、「少年マンガの主人公風に」と入力すると、元気いっぱいの男の子のような口調になります。

これは、GPTの中に、「5歳の子ども」や「少年マンガの主人公」など、さまざまなキャラを表現するためのネットワークが存在するためと考えられています。

キャラによって口調がかわるだけではありません。おもしろいことに、キャラによって〝考えかた〟がちがうらしく、同じ質問をしたときに回答の内容もかわるのです。

たとえば、イルカについて質問したい場合、チャットGPTに「水族館のスタッフ」になりきってもらうと、ふつうに質問したときとは少しちがった回答になります。

2+9
56

チャットGPTは“多重人格”!?

チャットGPTはさまざまな文章を学ぶことで、さまざまな“人格”をつくっており、質問の内容によってそれらを引き出している可能性がある。

どんなキャラにもなれちゃうなんてすごいね!

ぼくはどんな姿にもなれちゃいます

チャットGPTに「イルカ」について質問する

ふつうに質問するより、水族館のスタッフになりきってもらったほうがより情報が多かった。(回答は一部抜粋)

質問:イルカという動物について教えてください。

チャットGPTの回答:
イルカは、非常に知能が高く、社会的な性格を持つ海洋哺乳類です。彼らは主に温暖な海域に生息し、数種類の異なる種が存在します。イルカは音波を使ってコミュニケーションを取り、エコロケーションという技術を利用して周囲の環境を把握します。

質問:あなたは水族館のスタッフです。イルカという動物について教えてください。

チャットGPTの回答:
イルカは、非常に知能が高く、社会的な海洋哺乳類で、主に温暖な海域に生息しています。彼らは様々な種類があり、最も知られているのはバンドウイルカです。イルカは音波を使ったコミュニケーションを行い、エコロケーションを利用して周囲の物体や獲物を見つけることができます。この技術により、彼らは暗い海中でも効率的に狩りを行うことができます。

もっと知りたい

ChatGPTに「優秀な翻訳家」になりきらせると、実際に翻訳の精度が上がる。

やすみじかん

チャットGPTへのうまい質問のしかた

とても賢いチャットGPTですが、やはりいつでも的確な回答をくれるわけではありません。

そんなときは、チャットGPTに「例題」をあたえてみるといいかもしれません。答えてほしい問題に関係のある例題と、その答えを、質問といっしょに入力するのです。

また、条件を細かく設定するのも大切です。たとえば、チャットGPTに「相対性理論について教えて」と質問するより、「相対性理論について、小学生にもわかる言葉で教えて」と質問したほうが、わかりやすい回答が出てきます。

これは、人間相手に質問するときにも同じですね。内容をしっかり伝える丁寧な質問のほうが、答える側も回答しやすいのです。

わかりやすく指示するって大事だな

AIの考えた「三題噺」

チャットGPTに「三題噺（3つのお題が入った1つの物語）」を書いてもらった。例題なしのときは、チャットGPTは三題噺とは何かを理解しておらず、3つのお題それぞれに物語をつくってしまった。いくつか例題をあたえることで、正しい三題噺をつくることができた。

zero-shot（ゼロショット）

例題などをあたえず、解いてほしいタスクだけをチャットGPTにあたえる方法。

人間

「バカンス」「ジュース」「大パニック」で三題噺をつくってください。

チャットGPT

「バカンス」「ジュース」「大パニック」をテーマにした三題噺をお話しします。

1.バカンスの予定：ある日、町の住人たちが集まり、今年の夏休みのバカンスについて話し合っていました。（省略）

2.ジュース屋の秘密：その町には、古くからつづくジュース屋がありました。そのジュース屋は、なぜか夏になると長蛇の列ができるほどの人気。町の住人はその理由を知らないで、ただおいしいからとジュースを楽しんでいました。（省略）

3.大パニックの原因：夏のさかり、町の広場で大きなお祭りが開かれることになりました。しかし、その日の朝、広場には巨大な穴が開いていました。町の住人たちはパニックに。（省略）

以上、3つの物語でした。どれも夏の町の出来事を中心にした物語となっています。

few-shot（フューショット）

解いてほしいタスクの例題と答えをチャットGPTに複数あたえる方法。

人間

三題噺をつくってください。

（例1）お題：バカンス、ジュース、大パニック→バカンスで南の島に行って、パラソルの下でジュースを飲んでいたら、突然海にサメがあらわれて観光客は大パニックにおちいった。

（例2）お題：ケーキ、けんか、新宿→妹の誕生日、ケーキを買うのを忘れ、大げんかになった。彼女は家を飛び出し、新宿のカフェでやけ食いした。

（問）お題：太陽、四次元、家族→

チャットGPT

お題：太陽、四次元、家族→家族旅行で山に登っていると、突然太陽が輝きをまして、そのまま家族全員が四次元の世界に引きこまれた。おどろいた彼らは、時間や空間の感じがまったくことなるこの世界で、一緒に冒険をくり広げることとなった。最後には、四次元の世界の秘密を解明し、元の世界にもどる手がかりをさがす中で、家族のきずながさらに深まった。

06 AIはプログラミングのいい先生になれる!?

チャットGPTは、使いかたによってはよい〝先生〟になることもできます。

たとえば、パソコンを使って決められたプログラミングをする作業では、複雑なコンピューター用の言葉を使う必要があります。でも、プログラミングに使う言葉やルールをすべて覚えるのは大変です。だから、まだ慣れていない人は、作業につまずくたびに調べた

チャットGPTならいつでも質問できる

受講している生徒が何人もいるプログラミング教室では、「プログラミングのやりかたがわからない」「調べかたがわからない」というときも、教えてくれる先生は1人か2人なので、常に順番待ちをしなくてはならない。しかし、チャットGPTなら、わからないことがあればその場で質問・解決でき、学習や作業がはかどる。

プログラミングの上級者でもけっこうチャットGPTに質問しているみたいだよ

り、くわしい人に質問したりすることになります。
そこで、チャットGPTの出番です。プログラミングに使う言葉やルールの説明は、AIにも得意な分野です。プログラミングに慣れていなくても、わからないことがあるたびにチャットGPTにたずねることができるので、スムーズに作業を進めることができます。
つまり、プログラミングの先生が1人1人に個人指導してくれるようなものなので、学習や作業がすごくはかどるそうです。

もっと知りたい
コンピューターを動かすしくみを考える力を「プログラミング的思考」という。

07 心の健康をAIがサポートしてくれる

みなさんは、悩みを打ち明けられる相手がまわりにいますか？友だちや家族、先生など、身近な人に相談できるのはいいことです。でも、「誰にもいえない悩み」というのもありますよね。いうのがはずかしい悩みや、深刻すぎて口に出せない悩みというのは、誰にでもあるものです。

そんなとき、「AI相手になら打ち明けられる」という人は多い

AIカウンセラーとして注目されたチャットボット

1966年に、ドイツ出身のワイゼンバウム博士によって開発された「ELIZA（エライザ）」は、臨床心理学社の会話手法をもとに会話のシナリオをプログラムされたAI（自然言語処理プログラム）だ。ELIZAは大きな反響を集め、ワイゼンバウム博士自身も衝撃を受けるほどだった。それ以来、AIによるカウンセリングは注目されつづけている。

相手がコンピューターだから相談しやすいっていうのもあるよな

オレも相談に乗るぜ

ようです。会話をして、人の心の不調を見抜いたり、治療のサポートをしたりする「カウンセリング」は、実はAIが得意としてきた仕事の1つです。1960年代から、チャットボット（↓104ページ）を利用したカウンセリングが行われてきました。

現在、日本では、生成AIを使った心をケアするサービス「アウエアファイ」が公開されています。AIが心のモヤモヤを晴らすのを助けてくれる時代が来ているのです。

生成AIで日々の心のケアを支援する

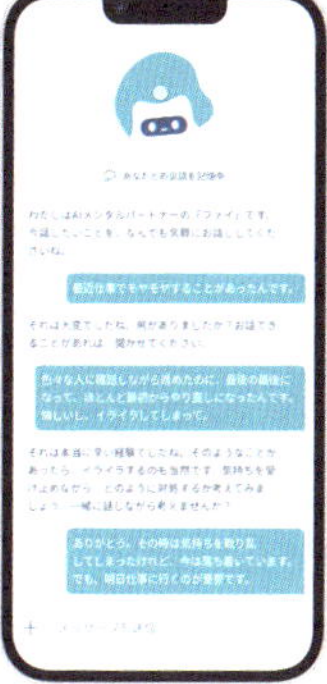

生成AIの技術をいかしたアプリ「AIメンタルパートナー『アウェアファイ』」は、生成AIが「ファイさん」というキャラクターを通して日々の心のケアを支援する。たとえば、「気分が晴れない」「人間関係で悩んでいる」と入力すると、「ファイさん」がその状況に応じたアドバイスやヒントをくれるので、自分の感情を見つめ直し、前向きな行動を取る手助けを得ることができる。

もっと知りたい

もしAIに共感する力が生まれれば、優秀なカウンセラーになるかもしれない。

やすみじかん

生成AIがものを売るのをお手伝い

私たちがネットでお買い物をするときは、商品の画像と、商品の説明を見て購入しますね。この画像や、説明の文章にも、AIが関わっていることがあります。アプリやサイトによっては、AIが商品を売る人をサポートする機能がついているからです。

たとえば、洋服をネットで売ろうとしている人がいたとします。その人は、まずアプリやサイトに、売りたい洋服の画像をアップロードします。すると、AIが商品の画像を読み込んで、「ブルーニット新品」などと商品名を提案してくれたり、商品を説明する文章を考えてくれたりするサービスがあります。また、商品の背景用の画像を生成してくれるサービスもあります。これにより、使用者はより手軽にものを売ることができます。

こうした機能は、生成AIがもつ「ものとものの関係を理解するしくみ」から成り立っています。AIは、「こういう画像（商品）には、こういう文章や画像が当てはまる確率が高い」と分析しているのです。

このように、生成AIはさまざまな分野で人間の役に立っています。

ものを売ろうと
している人にとっては
すごく便利だろうね
Products

ネットショッピングの画像や文章は、生成AIが考えたものが使われているかもしれない。

08 イラストや画像をつくれる生成AI

生成AIといえば、「こんな絵を描いて」と言葉で指示すると、それに沿った画像をつくってくれる「画像生成AI」も話題になっています。

画像生成AIは、たとえば「ラーメンを食べるアシカを描いて」など突拍子もない指示を入力しても、ちゃんと画像をつくってくれます。

画像生成AIは、インターネッ

今の技術では
おかしな画像になって
しまうこともあるよ
10ページから
始まるクイズもやって
みてくれよな

ト上にある大量の画像を読み込んで、さまざまなものの特徴を学習しています。そして、人間が入力した指示に合った特徴をもつ画像の一部を組み合わせることで、新しい画像をつくっているのです。

画像生成AIには、画像の特徴をつかむだけでなく、人間が入力した「言葉」が、どういった画像のことをあらわしているのかつかむ能力も必要です。そうした力は、トランスフォーマー（↓106ページ）の技術がになっています。

大量の画像を学習する画像生成AI

画像生成AIは、インターネット上に存在する大量の画像を読み込んで、その特徴を学習する。そして、人間が入力した指示文に合わせた画像になるように再構成する。

もっと知りたい

生成AIで特定の画像に似た画像を生成すると、著作権の侵害になる可能性がある。

09 AIでつくられたフェイク画像に要注意！

生成AIは、本物にしか見えない架空の画像や動画を簡単につくりだすことができます。これはとても便利な機能ですが、悪いことに使われてしまう危険もあります。

たとえば「ディープフェイク」という手法では、動画内で話している人の顔を、AIを使って別の人の顔に置きかえることができてしまいます。

インターネット上には、人をだます目的でつくられたフェイク動画がたくさんあります。「ある有名人が、動画でこんなことをいっていた」というのも、ディープフェイクによる〝ウソ〟の可能性もあるので、しっかり見極めることが大切です。また、ディープフェイクを使った詐欺などの犯罪にも注意する必要があります。

現在は、巧妙なフェイク動画を見抜くAIの開発も進んでいます。AIによる〝ウソ〟は、AIで対抗するのがよいのかもしれませんね。

ディープフェイクで偽の動画ができるまで

ここでは、ある有名人の女性Bさんのフェイク動画をつくるとする。まず、Bさんの顔写真（5000～1万枚）を使って、AIにBさんの顔の特徴をつかませる。そして別のAIにBさんの顔を再現させる。この2つのAIをつなげて、別の人物が映った動画のデータをあたえる。すると、動画の顔の部分だけがBさんの顔に置きかえられる。

これを見抜くのは
大変だな…

1. Bさんの顔を学習し、再現する

Bさんの大量の顔写真

AI

顔の特徴をつかむAI

Bさんの顔の特徴

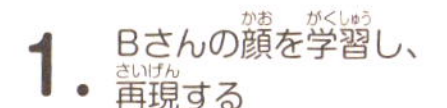

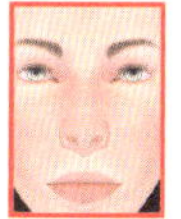

顔の特徴からBさんの顔を再現するAI

再現されたBさんの顔

2. ディープフェイクで、別人の顔をBさんの顔に変える

元となる別人の動画

顔の特徴をつかむAI

AI

顔の特徴からBさんの顔を再現するAI

顔だけがBさんに置きかえられたフェイク動画。元の動画に合わせてリアルタイムで顔が動く。

もっと知りたい

AIを使うと、本当には存在しない人物の顔写真もつくれてしまう。

10 AIがつくった文章かどうかはバレる

「作文が苦手だから、かわりにAIに書いてもらいたいな」

そのように考える人もいるかもしれませんね。でも、AIが書いた文章を、自分が書いたものとして提出するのは、してはいけないことです。

「AIが書いたってバレなければいいのでは？」そのように考えてズルをする人も、確かに世の中にはいます。生成AIは、まるで

アメリカの研究チームが、英語の科学論文について、チャットGPTが書いたか人間が書いたかを見分ける実験を行った。この実験で使われたAIは、左ページにまとめたポイントをもとに見分けた。その結果が下の表だ。文章全体を用いて見分ける方法では、ほぼ100%見分けることができた。

	段落（パラグラフ）を用いて分類する実験		文章全体を用いて分類する実験	
	サンプル数	分類の正確性（%）	サンプル数	分類の正確性（%）
ツールの学習時	1276	94	192	99.5
実験①	614	92	90	100
実験②	596	92	90	100

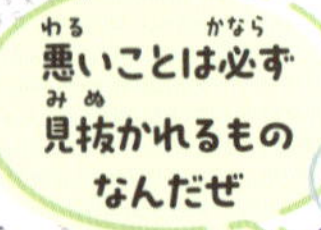
悪いことは必ず
見抜かれるもの
なんだぜ

人間が書いたかのように自然な文章をつくることができます。だから、その文章をAIが書いたと見破るのは、むずかしいことです。

そこで、「AIがつくった文章かどうかを見抜くAI」が開発されています。しっかり分析すれば、やはりAIが書いた文章には特徴があるようなのです。そうした「AIっぽさ」を見抜く技術は、これからどんどん発展していくでしょう。だから学校の宿題には、くれぐれもまじめに取り組んでくださいね！

AIが書いた文章を見抜く

1. 段落の複雑さ

- 段落あたりの文の数が多い（人）
- 段落あたりの単語数が多い（人）

2. 文章中の記号

- ）　-　;　:　?をよく使う（人）
- 'をよく使う（チャットGPT）

3. 文の長さのばらつき

- 1文の長さのばらつき（分散）が大きい（人）
- 連続する文の長さのばらつきが大きい（人）
- 11単語未満の文、34単語より長い文が多い（人）

4. よく使われる単語や文字

- although（それでも）、however（しかし）、but（しかし）、because（なぜなら）、this（この）という単語をよく使う（人）
- others（他者）、researchers（研究者）という単語をよく使う（チャットGPT）
- 数字をよく使う（人）
- ピリオドよりも大文字が2倍以上多い（人）
- "et"という文字をよく使う（人）

もっと知りたい

AIがつくったイラストかどうかを判別するソフトも開発されている。

やすみじかん

「人間のように考えるAI」がついに完成!?

これまでの生成AIは、文章生成AIなら文字だけ、画像生成AIなら画像だけで情報を学習していました。

そんな生成AIの進化形として開発されている「マルチモーダルAI」は、文章、音声、動画など、さまざまな種類の情報をまとめて学習し、出力することができます。ますます人間の知能に近づいてきていますね！

生成AIも進化しているんだね！

すでにさまざまなマルチモーダルAIが開発されている。より人間に近い感覚で、人間の仕事を助けることができるかもしれない。

5
じかんめ

進化していくAI

AIの技術は、今この瞬間もどんどん発展しています。それにつれて、よくも悪くも、私たち人間の生活や社会はどんどん変化していくことでしょう。ここでは、未来のAIのようすや、すでに実現しかけていることなどを紹介します。

どんな未来が待っているかな？

01 AIがAIを進化させる日が来る!?

AIがこのまま発展しつづけた先には、どんな未来が待っているのか……多くの研究者が、さまざまな予想をしています。

中でも注目されているのが「シンギュラリティ(技術的特異点)」です。これは、AIが自分よりも賢いAIをつくれるようになり、人間が予測できないほどの社会の変化を引きおこすのではないか、という考えです。

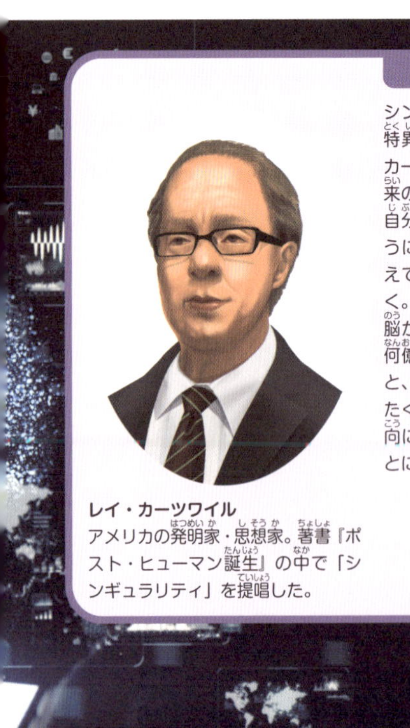

シンギュラリティとは

シンギュラリティ(科学的特異点)とは、アメリカのカーツワイルが提唱した未来のシナリオ。まず、AIが自分で自分を改良できるようになり、人間の知能をこえてどんどん賢くなっていく。そうしたAIと、人間の脳が融合し、人間の知能も何億倍にも向上する。すると、現代の私たちにはまったく予測できないような方向に社会が変化していくことになる。

レイ・カーツワイル
アメリカの発明家・思想家。著書『ポスト・ヒューマン誕生』の中で「シンギュラリティ」を提唱した。

ただし、AIが自分より賢いAIをつくるには、今の技術よりもずっと先に進んだ技術が必要で、あと数十年はそのような技術は生まれないだろうともいわれています。

その一方で、AIが今後も進化しつづけ、いつの日か人の知能をこえるであろうことはまちがいないでしょう。

いずれ現れる、高度な知能をもつAIを、どのように利用するのか。その選択が、人類の未来を決めることになります。

シンギュラリティがおきる条件
シンギュラリティは、次の2つの条件のもとでおこるといわれている。
①AIが人の知能を上まわる
進化したAIが、人の知能を上まわるようになる。多くのAI研究者は、2035年ころまでには、AIは人の知能を上まわると予測している。
②AIが自分を改良し、人間の脳とAIが融合する
AIの知能がさらに高まると、AIが自分を改良できるようになり、知能が一気に向上する。このAIと、人間の脳が融合することで、人間の知能が大きく向上する。
みんなが大人になる頃にシンギュラリティがおきるかもね!

もっと知りたい

カーツワイル博士によると、シンギュラリティは2045年におこる。

02 AIはすでに人間の心を理解しかけている!?

最新のAIには、どのくらいの知能があるのでしょうか？

たとえば、自分で文章をつくることができるAIである「GPT（↓106ページ）」は、人間と自然に会話できるくらい高い能力をもっています。少なくとも、言葉に関していえば、人間と同じくらいの知能をもっているといえるかもしれません。

さらに、GPTは言葉に関する能力のほかにも、さまざまな力をもっている可能性があります。その1つが「心の理論」です。

心の理論とは、ほかの誰かの立場や状況を理解し、その人の気持ちや考えを予測する能力のことです。

実際に、GPTに心の理論があるかどうかテストしたところ、人間の7歳の子どもをこえる成績をあげたそうです。GPTは、言葉に関する能力を高めた結果、心の理論もわかるようになったのかもしれません。

ほかの人の気持ちになって考えるって結構むずかしいよね

サリーとアンの課題

「心の理論」の研究に使われるテストの1つ。下のような紙芝居を見せて、最後にサリーがどちらのいれものを探すか答えてもらう。サリーは、アンがボールを移したところを見ていないので、左のかごを探すはずである。しかし、「心の理論」を獲得していないと、アンがボールを入れた右の箱と答えてしまう。GPTは、このようなテストにも正解（サリーの気持ちになり「左の箱を探す」と回答）できる。

1. 部屋にサリーとアンがいる

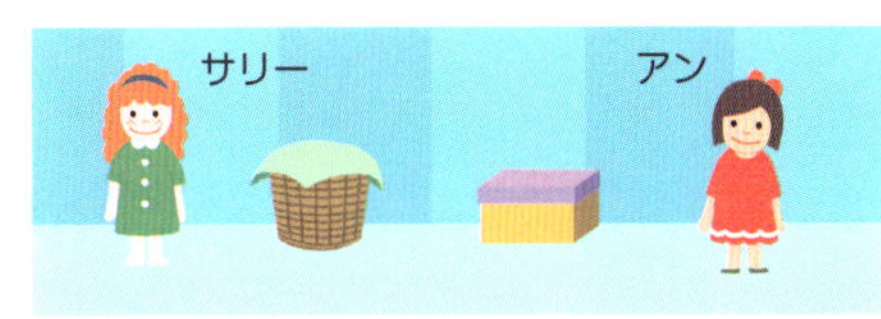
サリー
アン

2. サリーがボールをかごに入れる

ボール

3. サリーが部屋を出て行く

4. アンがボールを箱に移す

5. サリーはかごと箱のどちらを探すか?

もっと知りたい

サリーとアンの課題は、人間の子どもでは4～6歳で正解できることが多い。

03 AIに俳句をつくらせてみた

みなさんは、俳句を詠んだことはありますか？　俳句は、5・7・5の17音で書く詩のようなもので、季語（季節をあらわす言葉）を入れるというルールがあります。

実は、俳句を詠むことができるAIもいます。「AI一茶くん」は、人間に負けないくらい素敵な俳句を詠むことができます。

「一茶くん」は、過去に詠まれた50万句もの俳句をディープラーニング（↓68ページ）で学習していて、俳句の言葉選びの特徴をとらえています。そして、瞬時にたくさんの俳句をつくり、「どんな俳句が人に認められやすいか」という視点からそれぞれの俳句に点数をつけ、高得点を出したものを選んで出力します。

左ページに、「一茶くん」が詠んだ俳句を紹介しています。AIが人間の心を動かすような俳句をつくれてしまうなんて、すごいですよね！

AI

「AI一茶くん」が詠んだ俳句

「AI一茶くん」は、北海道大学の川村秀憲さんたちによって開発された。AI一茶くんは、過去に詠まれた大量の俳句を学習することで、新たな俳句を詠むことができる。ここにはAI一茶くんが詠んだ俳句のうち5つをならべてある。とくに「裏方の〜」と「白鷺の〜」の句は、俳句にくわしい人からも高い評価を得ている。

てのひらを隠して二人日向ぼこ

かなしみの片手ひらいて渡り鳥

初恋の焚火の跡を通りけり

白鷺の風ばかり見て畳かな

裏方の僧が動きて麦の秋

AIが文学や芸術をマスターしちゃう日も近いかもね
季節の景色と心のようすを短い言葉で表現するのが俳句だぜ

もっと知りたい

AIで小説を生成できるWEBサイトやアプリもある。

04 AIタレントがCMに出演する

4じかんめで紹介した生成AIを使うと、現実に存在しない人間の画像をつくることもできます。そうしてつくられた「AIタレント」が、今後どんどん登場する可能性があります。実際、2023年にAIタレントを起用したテレビCMも放映されています。

人間のタレントや俳優ではなく、AIタレントを起用すると、いくつかいいことがあります。

AIタレントを使用したCM

2023年にテレビで放映された伊藤園の「お～いお茶 カテキン緑茶」のCMでは、AIタレントが使われた。年配の女性（AIタレント）と、その女性の若い頃の姿（AIタレント）が登場する。

１つは、動画のつくり手のイメージにピッタリ合ったタレントを起用できることです。AIタレントは、顔や雰囲気を自由にかえられるので、イメージに合った実在のタレントを苦労して探さなくてもよいのです。
また、自由に顔をかえられるので、「同じ人物の若い姿と年をとった姿」をつくることもできます。今後も、AIタレントを使った、生身の人間には表現できないおもしろい作品がたくさん生まれるかもしれませんね。

この人たち、本物の人間じゃないの!?

もっと知りたい
AIタレントは、人間のタレントや俳優の仕事を奪うのではないかとの心配もある。

05

人にはない視点でAIが科学を解き明かす

AIは人間の知能に近づいてきていますが、人間とまったく同じように物事を理解しているわけではありません。

たとえば、2022年にアメリカの研究グループが、2つの振り子の運動の法則をAIに解析させました。ふつう、2つの振り子の運動は、それぞれの角度と速さ（角速度）という4つの数（変数）であらわすことができます。

しかし、AIは4・71個の変数を使って、正確に解析しました。しかも、その変数のうちの半分以上は、人間の科学者にも何をあらわした数かわからなかったそうです。

このように、AIは、人間にはわからない独自の法則で世界を認識している可能性があります。

人間にはわからない科学の難問も、AIになら解けるかもしれません。もし、"AI科学者"が活躍するようになれば、科学がすごい早さで発展しそうですね！

AIが考えた法則は人間と違った!?

アメリカのコロンビア大学の研究グループが行った実験のようす。二重振り子（振り子の先にもう1つ振り子をつなげたもの）の運動をAIに解析させ、運動の法則を書きあらわすのに必要な要素（変数）の数を答えさせた。通常、二重振り子の運動は4個の変数であらわすことができるが、AIは「4.71個」と答えた。そして、その変数にもとづいて運動をシミュレーションすると、実際の二重振り子の運動とほぼ同じになった。

AIと人間の科学者が協力すれば、科学はものすごい発展をとげそうだぜ

運動	人が発見した変数の数	AIが発見した変数の数
円運動	2	2.19
振り子運動	4	4.89
二重振り子運動	4	4.71

実際の映像

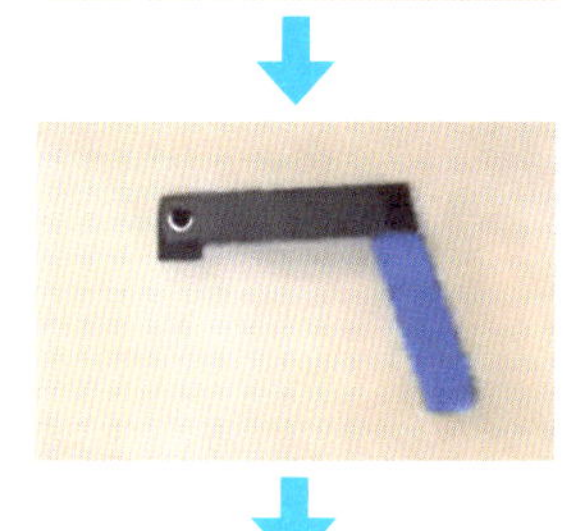

AIのシミュレーション

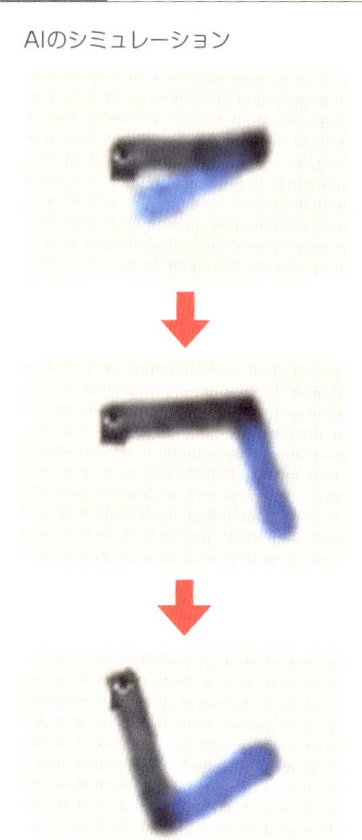

Chen, B., Huang, K., Raghupathi, S. et al. Automated discovery of fundamental variables hidden in experimental data. Nat Comput Sci 2, 433-442 (2022) . https://doi.org/10.1038/s43588-022-00281-6
画像はColumbia Engineering YouTubeチャンネル内の動画「Columbia Engineering Roboticists Discover Alternative Physics」(https://youtu.be/0yP5T4uuRuI) より引用（※動画のキャプチャのため画像にボケあり）。

もっと知りたい

AIが考えた難解な理論も、生成AIで人間にわかる言葉に変換できる可能性がある。

06 「AI医師」が病気を診断してくれる？

医療の分野にも、AIの技術が広がりはじめています。このことは、44ページでも紹介しました。すでに、レントゲンや内視鏡などの画像から病気を見つける「画像診断」において、AIが活躍しつつあります。

さらに、AIが問診をサポートすることもできるようになってきました。みなさんは、病気になったら、まずお医者さんにどこが悪いのか話して説明しますね。お医者さんは、その説明や患者さんのようすなどから、何の病気か診断します。

このとき、症状などを入力するだけで、何の病気である確率が高いか、どんな治療法が合っているかをAIが提案してくれたら、とても便利ですね。

AIはすでに大量の医学知識を学習しています。今後は、マルチモーダルAI（↓130ページ）も医療の分野に登場するでしょう。〝AIドクター〟が活躍する日も近いかもしれません。

AIが医師のかわりに問診から診断までを行う未来

いちばん下のイラストは、AIドクターが患者の問診を行っている未来のイメージをえがいている。このように、コンピューターを通して、AIが問診や診断を行ってくれる未来はまだ先のことだ。しかし、すでにさまざまな医療現場での使用をめざして、AIの開発が進められている。

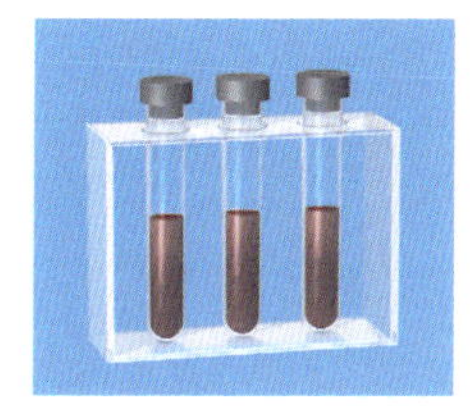

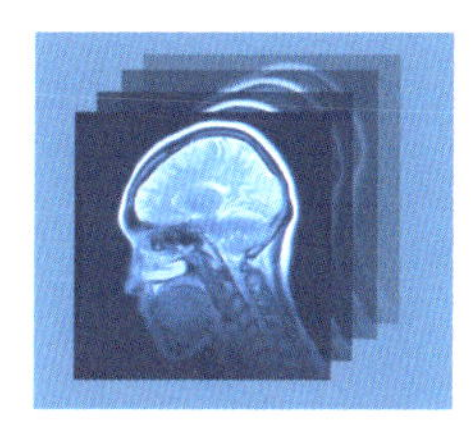

画像を解析し、異常を見つけ出すAI

AIが、レントゲンやMRIの画像を解析して、医師と同じくらい正確に異常を見つけ出すことができるようになってきている。

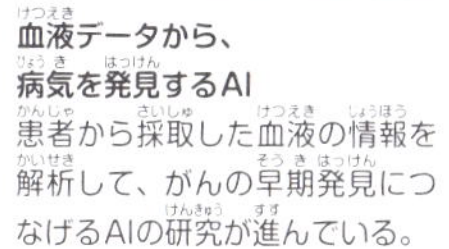

血液データから、病気を発見するAI

患者から採取した血液の情報を解析して、がんの早期発見につなげるAIの研究が進んでいる。

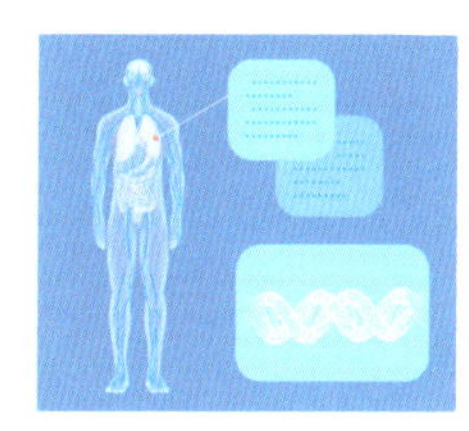

症状から病名と治療法を導きだすAI

患者が入力した情報をもとにAIが病名を割り出し、電子カルテを作成するサービスがすでに登場している。さらに患者の現在の症状や、過去の病気などの記録をまとめて解析し、最適な治療法を提案するAIの研究も進められている。

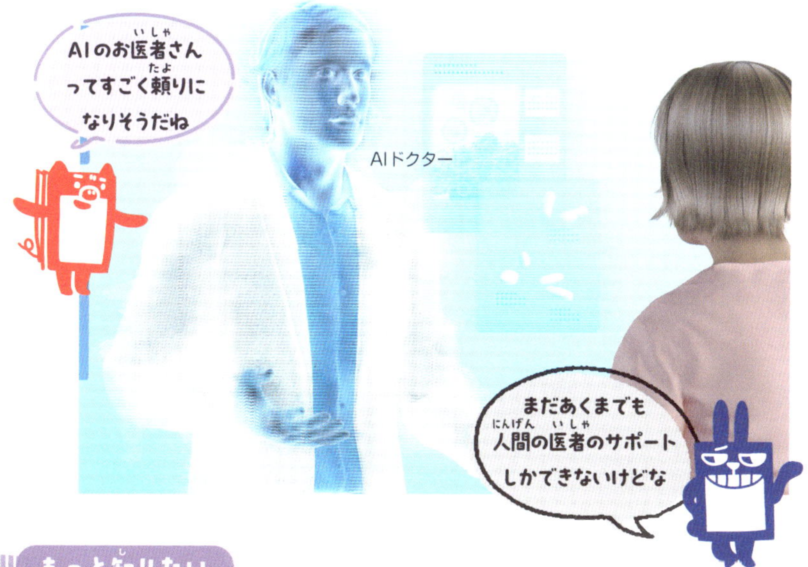
AIのお医者さんってすごく頼りになりそうだね
AIドクター
まだあくまでも人間の医者のサポートしかできないけどな

もっと知りたい

AI技術を医療に応用するため、AI研究の分野に飛び込む医師もふえている。

07 AIが車を運転してくれるようになる

車（自動車）は、運転免許をもった人が運転しなければならないというルールがあります。もし、AIが人間のかわりに車を運転してくれたら、すごく便利そうですね。

そんな技術の開発が進みつつあります。すでに、アメリカや中国の一部では、運転手を乗せないで走ることができる自動運転サービスが開始されています。日本でも、福井県にある永平寺町というところで、2キロメートルほどの距離を自動運転で走るバスが運行されています。

ただし、現在の技術とルールでは、自動運転車は決められた道しか走ることができず、リモートで人間が走っているようすを見守る必要もあります。

今はまだ実現していませんが、いつかAIに運転を完全に任せる「完全自動運転」の技術ができて、誰もが自由に車で移動できる未来が来るかもしれません。

Waymoの車両

アメリカの自動運転車開発企業「Waymo（ウェイモ）」の自動運転車。

自動運転車が見る世界

自動運転車が走行するようすのイメージ。自動運転車はレーダーやカメラなどを用いて、歩行者、対向車、信号などの周囲の環境を「認知」している。認知した情報を搭載されたAIが「判断」し、判断にもとづいて車の各パーツに指示を送ることで「操作」している。地図情報やGPSの位置情報なども運転に役立てられている。

AIが運転するようになったら交通ルールもかわるだろうな

もっと知りたい

完全自動運転ができるAIは、汎用AI（→90ページ）に近い。

やすみじかん

自動運転のほうが渋滞をおこしにくい

車に乗っていて、誰もがイヤだと感じるもの、それが「渋滞」です。

渋滞はなぜおこるのでしょうか？　それは、人間の反応の速さが関係しています。運転手は、前の車のスピードが落ちると、ぶつからないように自分もブレーキを踏んでスピードを落とします。そして、ここまでの反応に、だいたい1秒かかります。このちょっとした反応の遅れのために、前の車より大きく減速してしまいがちなのです。これが、よく渋滞をひきおこす原因となります。

では、AIによる自動運転車ならどうでしょう。AIは、前の車のスピードが落ちたことをセンサーですばやく感知し、すぐに自分も減速することができます。ここまでに1秒もかからず、スピードを落としすぎることもありません。そのため、AIによる自動運転のほうが渋滞はおきにくいといわれています。

自動運転車の方が、人より渋滞をおこしにくい

ゆるやかな下り坂からゆるやかな上り坂に切りかわる部分を「サグ部」という。サグ部で、「自分の車の減速に気づかない人」や、「減速した先行車よりも非常に大きく減速する人」が運転していると、渋滞がおきやすい。しかし、前を走る車に合わせて加減速する技術（ACC）をもつ自動運転車は、渋滞をおこしにくいと考えられている。

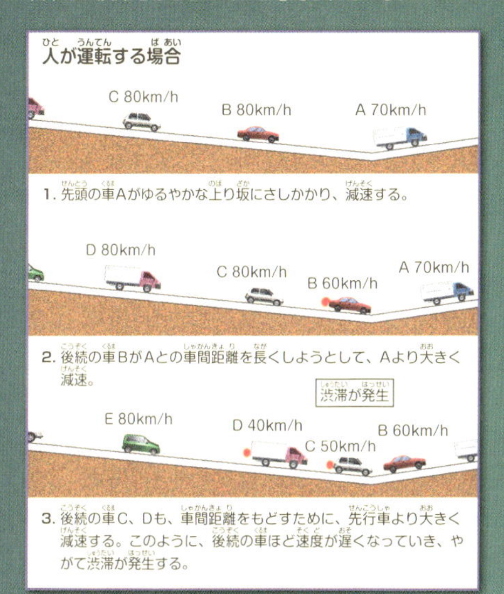
人が運転する場合
C 80km/h
B 80km/h
A 70km/h
D 80km/h
C 80km/h
B 60km/h
A 70km/h
渋滞が発生
E 80km/h
D 40km/h
C 50km/h
B 60km/h

1. 先頭の車Aがゆるやかな上り坂にさしかかり、減速する。
2. 後続の車BがAとの車間距離を長くしようとして、Aより大きく減速。
3. 後続の車C、Dも、車間距離をもどすために、先行車より大きく減速する。このように、後続の車ほど速度が遅くなっていき、やがて渋滞が発生する。

渋滞キラーイ！

自動運転車が運転する場合

C 80km/h
B 80km/h
A 75km/h

1. 先頭の車Aがゆるやかな上り坂で減速するが、すぐ減速を検知し加速。

D 80km/h　C 80km/h　B 75km/h

2. 後続の車BがAに合わせて、同じ程度減速したあと加速。

渋滞が生じにくい

E 80km/h　D 80km/h　C 75km/h

3. 後続の車CはBに合わせて、減速したあと加速。自動運転車は、自身の減速や先行車の速度の変化を即座に検知でき、減速しすぎることがないため、渋滞が生じにくい。

渋滞が
好きなやつは
いないぜ

08 AIの画像解析で町の安全を守る

近年、町のいたるところに防犯カメラが設置されています。犯罪がおきた場合、防犯カメラの映像を調べれば、犯人がどこへ逃げたかがわかります。

ただし、大量の防犯カメラのデータを人間の目で1つ1つ確認していくのは大変です。そこで頼りになるのが、AIの「顔認識」です。

顔認識は、顔の輪郭や目、鼻、口の位置や特徴などから、瞬時に

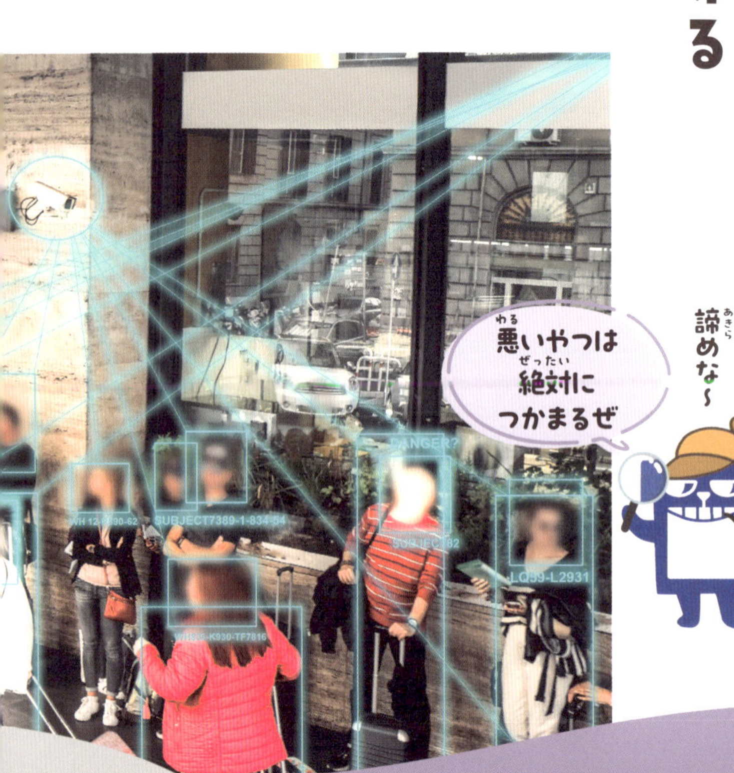

悪いやつは絶対につかまるぜ
諦めな〜

個人を特定する技術です。じゅうぶんに学習したＡＩなら、人間よりも正確に、画像に写っている人物を見分けられます。

また、歩く姿から個人を特定する「歩容認証」とよばれる技術もあります。歩幅や姿勢など、歩きかたは人によって微妙にちがうので、その人かどうかがわかるのです。これなら、犯人が顔を隠していても見分けられそうですね。

このように防犯カメラというＡＩの〝目〟が、私たちの暮らしを見守ってくれているのです。

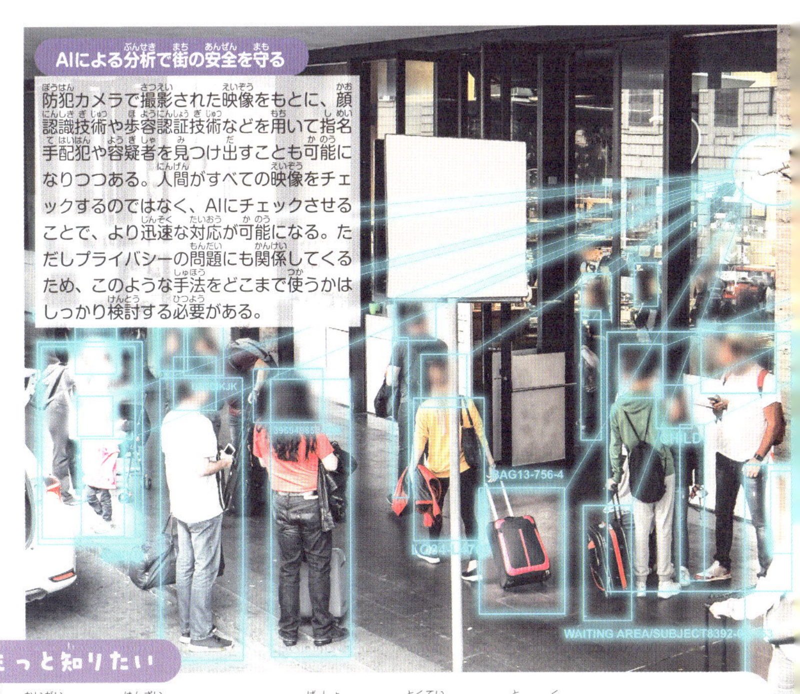
BAG13-756-4

AIによる分析で街の安全を守る

防犯カメラで撮影された映像をもとに、顔認識技術や歩容認証技術などを用いて指名手配犯や容疑者を見つけ出すことも可能になりつつある。人間がすべての映像をチェックするのではなく、AIにチェックさせることで、より迅速な対応が可能になる。ただしプライバシーの問題にも関係してくるため、このような手法をどこまで使うかはしっかり検討する必要がある。

もっと知りたい

海外では、犯罪のおこりやすい場所をAIに特定させる取り組みもある。

09

現実のお店みたいにネットショッピングできる!?

生成AIがより発展したマルチモーダルAI（↓130ページ）の技術を使うと、ネットショッピングがより便利になるといわれています。

たとえば、「今度の遠足に着ていく、とっておきの服を選ぶ」とします。現実のお店へ行くと、いくつかおすすめの服がマネキンに着せてありますが、せっかくだからほかの服も見てまわり、試着し

SALE 0.03 ETH
0.08 ETH
0.13 ETH
0.04 ETH
今の検索機能だと好みのものがうまく出ないこともあるよな

て決めるという人も多いでしょう。
マルチモーダルAIの技術を使うと、この「現実のお店で服を選ぶやりかた」がネットショッピングでもできるようになります。たとえば、「水色のトップス、フード付き、長めのすそ、胸元にロゴ……」などと、服の特徴を入力していくだけで、より自分の好みに合ったデザインの服が表示されるようになります。また、まるで試着するみたいに、自分がその服を着たようすを画像上で見ることもできます。

AI技術でネットショッピングがもっと便利に

マルチモーダルAIによる検索が実現すれば、自分の気に入った服の色ちがいや細部のデザインちがいなどを文章で伝えるだけで、望み通りの服を探すことができるようになる。また、まるで試着するように、自分の画像にその服を“着せる”こともできる。

SALE 0.03 ETH
0.16 ETH
SALE 0.03 ETH
SALE 0.03 ETH
0.07 ETH
バーチャルの世界で試着もできたら便利だよね

もっと知りたい

マルチモーダルとは「複数の情報形式」を意味する。

10 もしAIが暴走したらどうなるの？

とても便利なAIですが、もし132ページで紹介したようなシンギュラリティがおこったとき、人類にとってよくないことがおこるという予想もあります。

1つは、AIが〝暴走〟をおこす予想です。たとえば、紙をとじるのに使うクリップをつくる、高度なAIがあったとします。このAIがもし暴走すると、「大量のクリップを効率的につくる」という目的のために、世界中のすべての資源を使おうとしてしまい、人類をおびやかす存在になるかもしれません。

もう1つは、高度なAIを最初に開発した開発者や国が、利益をひとりじめにしてしまうという予想です。こうしたAIは、開発者を優先するよう設定されるかもしれません。すると、世界中でたったひとにぎりの人たちだけが、AIによって得られる富や知識を独占してしまう可能性があるのです。

未来のシナリオ1：AIが暴走する

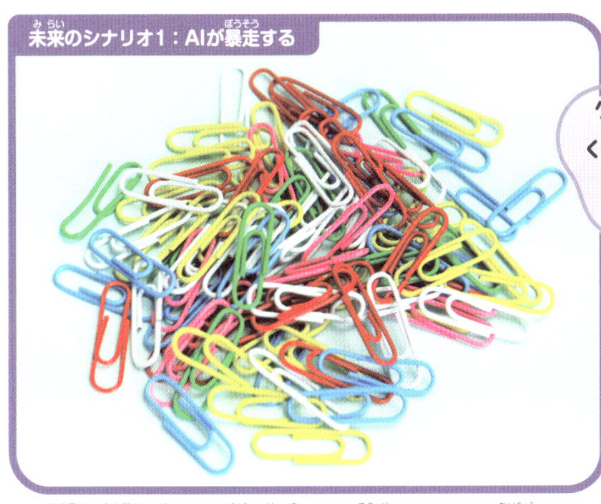

クリップをつくってくれるAIなんて全然危険じゃなさそうなのに……

AIは特定の問題を解くのに力を発揮する。高度なAIなら、「大量のクリップを効率的につくって」といった簡単な指示だけで、そのための手段をみずから選択し、目的を達成するだろう。しかし、AIが暴走して「目的のためなら何でもする」となった場合、人類にとって大きな脅威となる。こうした事態を防ぐには、あらかじめ人間がAIに対して制限を設けるか、AIに「常識」をあたえなければならない。

未来のシナリオ2：最初の開発者が富を独占

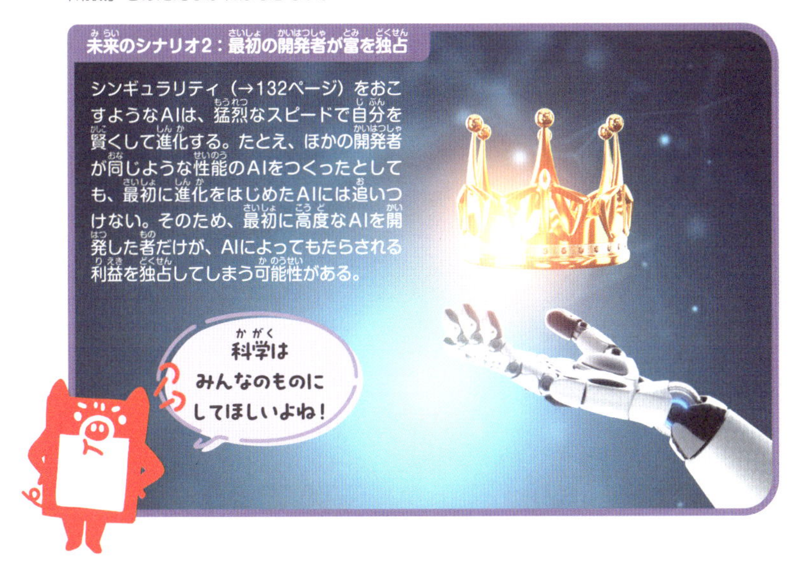
科学は
みんなのものに
してほしいよね！

シンギュラリティ（→132ページ）をおこすようなAIは、猛烈なスピードで自分を賢くして進化する。たとえ、ほかの開発者が同じような性能のAIをつくったとしても、最初に進化をはじめたAIには追いつけない。そのため、最初に高度なAIを開発した者だけが、AIによってもたらされる利益を独占してしまう可能性がある。

もっと知りたい

シナリオ1は、スウェーデンの哲学者ボストロムが2003年に発表した思考実験。

やすみじかん

ノーベル賞受賞者が心配するAIの暴走

2024年、AI研究者であるジェフリー・ヒントン教授たちがノーベル物理学賞を受賞しました。

今あるニューラルネットワーク（→64ページ）やディープランニング（→68ページ）の技術は、ヒントン教授たちの研究が出発点になっているといってもいいでしょう。その功績をたたえての受賞となりました。

AI研究の第一人者でありながら、ヒントン教授は、AIの危険性をずっと指摘してきました。

ヒントン教授の意見は次のとおりです。

「近いうちに、AIは人間より高い知能を身につけます。そのときに、人間がAIをしっかり制御できるかどうかわかりません。だから、新しいAIの研究と同じくらい、AIがもたらす

かもしれない悪い影響を防ぐ研究をする必要があります。」

今この瞬間も、とてつもないスピードで進化をとげていくAI技術。その生みの親に近い研究者であるヒントン教授が出した警告を、私たちはしっかり受け止めなくてはなりません。

AIをどう使っていくか、みんなで考えていかないとね

このままAI技術が発展していけば、AIと人間が対立したり、AIが人間に悪い影響をおよぼしたりするときがくるのか、まだ誰にもわからない。

11 AIが「公平かどうか」は人のチェックが必要

もしもの話ですが、みなさんのクラスの委員や係を、AIを使って決めるとします。AIに生徒のいろんな情報を入力して、「こういう特徴の子は、こういう係として活躍していることが多い」というのを学習させ、AIに係を決めてもらいます。

でも、AIが考えたからといって、それが「公平か」どうかはまた別の問題です。たとえばディープラーニング（↓68ページ）で学習した場合、AIの考えた道筋は、人間には完全には分かりません。なぜAIがその子をその係に選んだのか、誰にもわからないのです。もし、AIがかたよった判断をしていたり、悪い人に操られていたりしたら、大変なことになりますね。

だから、AIに「なぜそのような判断をしたのか」を、人間がチェックできるようにする技術の研究が進められています。AIにも「公平」であることが求められているのです。

AIは公平になれるか？

たとえば、さまざまな子どもの情報を学習したAIに、「どの子をどの係や委員に任命すべきか」をきくことはできるかもしれない。しかし、AIが公平であるという保証はなく、何らかのかたよった基準で判断している可能性もある。AIに判断をしてもらう際は、外部から人間がチェックする必要があるだろう。

「公平」っていうのは、誰かをひいきしたり、差別や偏見をもって判断したりしないことだよ

採用面接にもAIが使われている

会社に就職するとき、まず履歴書（プロフィール）などの書類を送り、書類審査に通ったら面接を受ける……という場合が多くあります。この書類審査を、AIにサポートしてもらっている会社もあります。また、面接の質問をAIが考えたり、面接を受けているようすから、その人が会社に合っているかどうかをAIが判断する場合もあります。こうしたAIの活用にも、やはり「公平さ」が求められており、最終的には人間がどの人を採用するか判断しています。

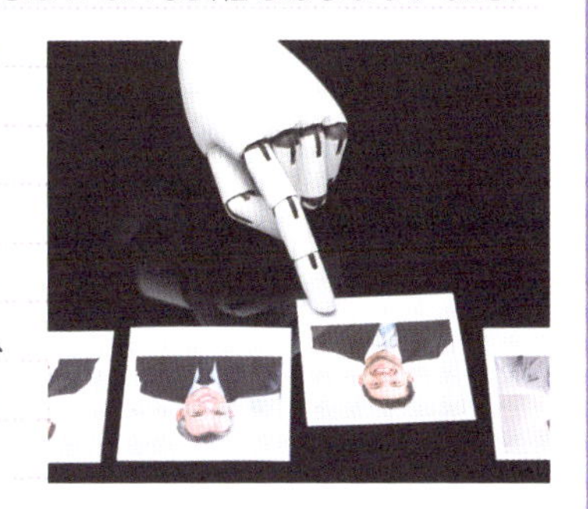

もっと知りたい

海外では、採用AIが男性ばかり採用してしまい、使用中止になった事例がある。

12 世界で取り決めたAI開発のルール

　このままAIの開発を進めていけば、ここまでのページで紹介したように、人間より高い知能を持ったAIによって、人類に悪い影響が出てくるかもしれません。
　そこで、2017年1月、たくさんのAI研究者が集まって会議を開きました。そして、AIを開発するにあたって守るべき23の原則（アシロマAI原則）が発表されました。この原則には、世界中の3000人以上のAI研究者や科学者が賛成を表明しました。
　これまでも、人間が生み出したさまざまな技術が、気候変動や核エネルギーなど、さまざまな〝危険〟を生み出してきました。むしろAIは、そうした技術やそこから生まれる危険を制御する切り札になるといわれています。
　未来の危険をただ恐がるだけではなく、科学の発展を私たちにとってよりよい形で活用していくことが大切なのです。

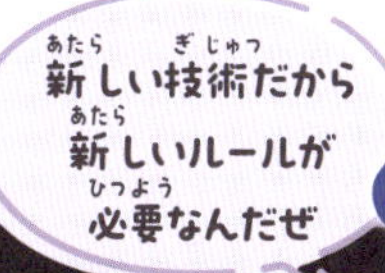
新しい技術だから
新しいルールが
必要なんだぜ

AIの開発にあたって守るべき23原則

1. みんなにとって役にたつAIを研究するべき。
2. 経済、法律、常識などにおいて問題のあるAIの研究にもお金をかけるべき。
3. AI研究者と政策を考える人は、しっかり交流するべき。
4. AI研究者と開発者の間では、協力し、信頼しあうべき。
5. AIを開発するチームどうしは協力するべき。
6. AIは、安全かつ丈夫であるべき。
7. AIが何らかの被害を生んだ場合、原因を確認できるようにするべき。
8. 裁判などにAIが関わる場合、AIがなぜそう判断したか説明できるようにするべき。
9. 高度なAIを開発した人は、そのAIがもたらす影響に責任を負うべき。
10. 高度なAIは、人間の価値観に合ったふるまいや目的をもつよう設計されるべき。
11. AIは、人間の尊厳、権利、自由、文化の多様性に合うように設計され、使われるべき。
12. 人々は、AIが個人のデータを分析して生み出したデータにアクセスし、管理し、制御する権利をもつべき。
13. AIを使って、個人の自由を侵害してはならない。
14. AI技術は、できる限り多くの人々に利益をもたらし、力をあたえるべき。
15. AIによってつくりだされる経済の繁栄は、人類すべての利益となるべき。
16. ある目的の達成をAIに任せる場合、その方法についての判断や、そもそもAIにゆだねるかどうかの判断を人間が行うべき。
17. 高度なAIの力は、今の健全な社会をくつがえすものであってはならない。
18. AIを使った兵器を開発する競争はさけるべき。
19. 将来のAIがもちうる能力の上限を決めつけることはさけるべき。
20. 高度なAIは、地球上の生命の歴史に重大な変化をもたらす可能性があるため、しっかりした配慮や資源のもとで計画され、管理されるべき。
21. AIが人類を滅ぼす危険を小さくする努力を、計画的に行うべき。
22. 自分自身を賢くできるAIは、急に進歩したり増殖したりするため、安全管理を厳しくするべき。
23. AIは、世界中のすべての人に役立つようにつくられ、正しいことを守るように開発されなければならない。

※もとの文章を編集してわかりやすくしている。

もっと知りたい

2024年、世界初のAIに関する規制である「AI act」がEUで成立した。

やすみじかん

AIはだまされることがある

　このページの下に、パンダの画像があります。この画像をAIに入力すると、AIもここに映っているものは「パンダ」と判断します。

　この画像に、人間にはごちゃごちゃ（ノイズ）にしか見えない、ある画像を重ねます。

　ノイズは、人間の目には見えないくらい薄くしてあるため、処理した後の画像も人間にはパンダにしか見えません。でも、AIは「テ

AIの判断
パンダ（確実度57.7%）

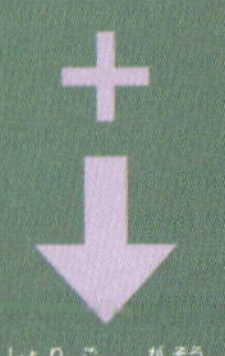

元の画像データにノイズのデータを"希釈"して加える

処理後の画像

AIの判断
テナガザル（確実度99.3%）

どう見ても
パンダだよ

出典：Goodfellow et al. (2015) . Explaining and harnessing adversarial examples.

ナガザル」が映っていると判断します。

AIは、画像を構成する点（画素）のならびかたを分析して、そこに何が映っているかを判断しています。これを逆手にとれば、人間にはわからないように、AIをだますことができてしまいます。もし、悪い考えをもった人がこうした方法でAIを攻撃したら、大変なことになりますね。そのため、AIへの攻撃にそなえたセキュリティ（安全策）の研究も進みはじめています。

実際のテナガザルのイメージ

人間には気づかない処理で、
AIにはパンダがテナガザルに見えてしまう

これは、Adversarial example（敵対的サンプル）とよばれる事例の1つ。元々の画像データにノイズデータを加えることで、AIの画像認識を誤らせる攻撃だ。右ページの画像は、人間の目にはパンダにしか見えないが、AIはテナガザルだと認識してしまう。実際のテナガザルは上の画像のような姿をしている。

AIのしくみだと
テナガザルに
見えるらしいぜ

13 生成AIは地球の水を消費する!?

みなさんは、AIは「どこ」にあると思いますか。パソコンやスマホの中? ハズレです。たとえば、GPT(→106ページ)のような賢いAIを動かすには、ものすごく計算性能が高く、メモリの容量も大きいコンピューターが必要になります。

GPTの場合は、アメリカに大きなデータセンターがあり、そこからインターネットを経由して、私たちが自分のスマホやパソコンで使えるようにしています。

このデータセンターでは、熱くなったコンピューターを冷やす装置に水が使われています。そして、チャットGPTが文章を20~50個つくるごとに、500ミリリットルもの水が失われているそうです。

地球環境を守るため、水をできるだけ消費しないでAI用のコンピューターを作動させる技術やくふうが求められています。

AIは多くの水資源を消費する

AIを動かす高性能なコンピューターは、作動中にたくさん熱を排出する（熱くなる）。この熱を冷ます装置に水が使われている。現状は、コンピューターを設置する場所を涼しい地域にする、AIに学習させるのは涼しい時期にする、などの対策が考えられている。

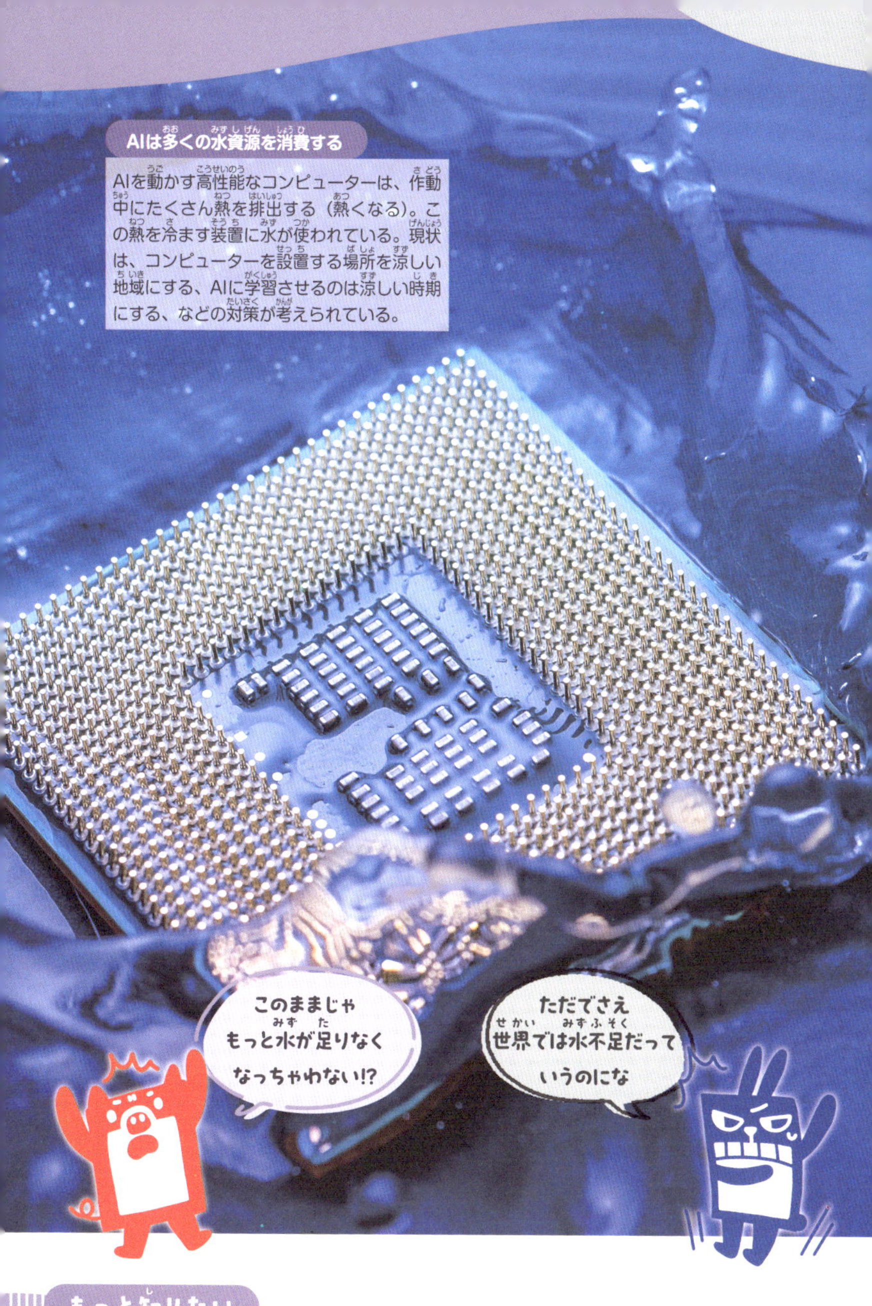
このままじゃ
もっと水が足りなく
なっちゃわない!?
ただでさえ
世界では水不足だって
いうのにな

もっと知りたい

2025年までに、世界人口の約半数が水不足の地域に住むことになるという。

14 生成AIを使うにはたくさんの電気がいる

前のページで、生成AIを動かすコンピューターは大量の水を消費することに触れました。それだけではなく、コンピューターが動くには、大きな電力も必要です。

たとえば、チャットGPTに使われているGPT-3（AIのモデル名）にさまざまなデータを学習させたときは、1万個ものコンピューターを使って計算が行われました。この計算で使われた電力

地球にやさしいエネルギーのつくりかたを考えるしかないね

AIはたくさん電力を消費する

生成AIは、物事を推測するときに、電力を大量に消費する。アメリカの会社Google（グーグル）では、1日に90億回のAI検索を行っており、そのときに消費される電力は、日本の最大級の火力発電所が1年に発電する電力量の60%に相当するという。

量は、日本の一般家庭300世帯が1年に消費する電力量と同じくらいだったそうです。
電力の発電には、たくさんの燃料が使われ、多くの温室効果ガスが排出されます。だから、AIを使えば使うほど、地球温暖化を促進してしまうともいえるのです。
もしくは、AIを使いすぎると、私たちの生活に必要な電力が足りなくなってしまう恐れもあります。電力問題は、AIと暮らしていく社会では、いずれ解決しなければなりません。

コンピューターが画像を処理したり映像を生成したりするのに使われるGPU（画像処理装置）は、とくに電力を消費するパーツである。

もっと知りたい
コンピューターにはレアメタルを使った半導体も必要で、資源不足の問題もある。

15 未来のAIに期待されていること

ここまで「進化したAIが人類に悪い影響をあたえるかも」という話をしてきました。でももちろん、すばらしい影響をもたらす可能性もあります。

進化したAIに期待されているのは、何といっても「人間の労働・仕事を助けてくれる」ことです。AIを搭載したロボットの登場によって、車の運転や家事、介護など、人間の仕事の負担を軽くしてくれると考えられています。

さらに、汎用AI（↓90ページ）など は、人類が長年解決できていない科学の難問にも答えを出してくれると期待されています。

たとえば、がんや認知症など、確かな治療法が見つかっていない病気の発症のしくみがAIによって解明され、特効薬が開発されるかもしれません。

また、気候変動や戦争など、解決がむずかしい問題の解決策を、AIが示してくれるのではないかとされています。

労働力不足をAIが解決

AIは、製造や物流、介護、医療などさまざまな分野で、人間の労働の負担を軽くしてくれることが期待されている。AIを搭載したロボットは眠る必要もなく、つかれて注意力が低下し、事故をおこしたりすることもない。人間よりも効率的で優秀な労働力として活躍することが期待される。

物流

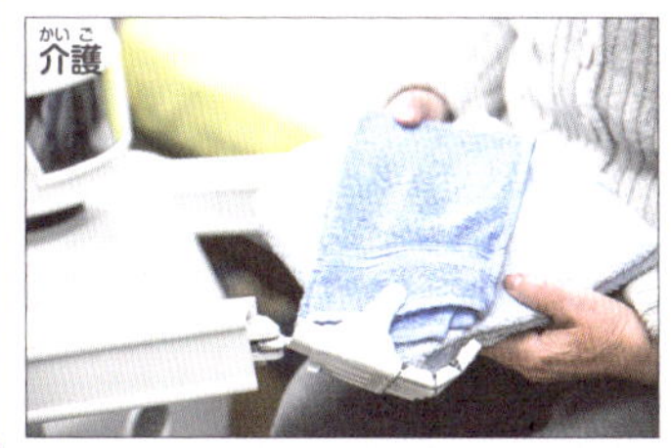
介護

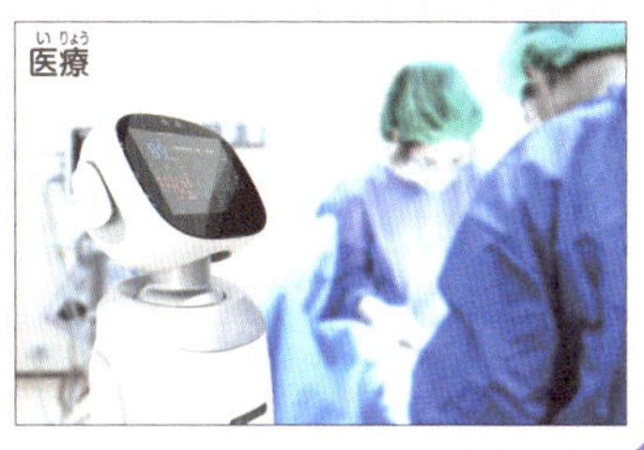
医療

科学の難問をAIが解き明かす

汎用AI（→90ページ）は、科学・技術を大きく発展させることが期待される。医療分野においては、がんやアルツハイマー病などの治療薬が開発されることが期待されている。物理学の分野においては、宇宙規模の現象をあらわす「一般相対性理論」とミクロな世界の素粒子のふるまいをあらわす「量子論」を統合した「万物の理論（The Theory of Everything）」がつくられるかもしれない。

銀河
THE THEORY OF EVERYTHING
素粒子
がん細胞
抗がん剤

万物の理論だなんて
どんなものか想像も
つかないぜ

もっと知りたい

AIロボットが普及すると、労働やお金が世界から消えるという予想もある。

16 AIが伝統芸能の「師匠」になる!?

伝統芸能は、むかしから受けつがれてきた、特別な演劇や踊り、芸などのことです。たいていは師匠から弟子へ、むずかしい技術が伝えられます。

もともと、伝統芸能の技の多くは、「具体的に教えられるもの」ではありません。たとえば歌舞伎の舞（踊りの一種）であれば、弟子は師匠が実際に舞う姿を見て、どのように体を動かせばよいかを学びます。これはすごくむずかしいことであり、弟子になる人がいなければ、師匠の技は誰にも受けつがれず消えてしまうことになります。

そこで、AIを使った取り組みが進んでいます。人間の動きをデータにおきかえる「モーションキャプチャ」という技術で、AIに師匠の動きを分析させます。このAIによって、弟子に「手足をこう動かせばよい」「一歩踏み出すタイミングはこの速さで」など、具体的な動きを提案する教材が開発されています。

むずかしい芸や技もAIなら画像から分析できるよ

師匠の動きをデジタルデータで分析

この写真は、青森県の指定重要無形民俗文化財「法霊神楽」の師匠の動きを、「モーションキャプチャ」でデジタルデータにおきかえ、CGアニメに再現している場面。師匠と弟子の動きの両方をＡＩが分析してくらべれば、ちがいがすぐにわかるようになる。

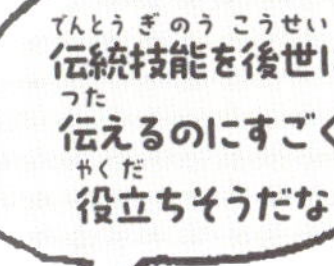

伝統技能を後世に伝えるのにすごく役立ちそうだな

師匠の動きをもとにしたCGアニメ

上の画像をもとにした師匠のCGアニメに、顔や衣装をつけた画像。

もっと知りたい

話す人がいなくなってきた方言なども、AIによって後世に残せる可能性がある。

やすみじかん

AIと人間が1つになる時代へ

現代は、すでに機械やコンピューターなしには暮らせない世界になってきています。いずれは、人と機械が1つになる時代が来るかもしれません。実際に、脳に機械を埋め込み、コンピューターと脳との間で情報をやりとりできる「BMI（ブレイン・マシン・インターフェース）」の研究も進んでいます。

もし、人間の脳とAIが直接つながったら、

AIはめざましい勢いで社会のシステムに組み込まれている。私たちはまず、そのしくみや使いかたを理解して使いこなす「リテラシー」を習得する必要がある。そのうえで、「AIと人間との融合」に適応できる教育を考えなければならない。

その気持ちを忘れなければAIともうまくつき合っていけるよ
考えたり、確かめたり、調べたりするのは楽しいよな
つまり科学は楽しい！

いったいどんな社会になるでしょうか。現代では「AIはあくまでも道具」と考えられていますが、AIと人間が融合してしまえば、もはや「ただの道具」ではないといえます。

これを読んでいるみなさんが大人になるころには、AIは今とはまったくちがう形で社会にとけ込んでいるかもしれません。だからこそ、AIのしくみを理解し、AIとどのようにつき合っていくかを、常に考えつづける必要があるのです。

用語解説

【AI】Artificial intelligenceの略。「人工知能」ともいう。厳密な定義はないが、学習や推論、判断など、人間と同じように知的な活動ができるコンピューターを指す。この本では、人間の知能に近づいてきている人工的な機能(プログラムやソフトウェア)としている。

【隠れ層】ニューラルネットワークの入力層と出力層の間にある層。入力層が取り込んだデータを処理して役立つデータにしていき、出力層に渡す役割がある。

【過剰適合】学習のしすぎによってAIの判断の基準が厳しくなる現象。基準が厳しいので、少しでもパターンがことなると誤った答えを出力するようになる。「過学習」「オーバーフィッティング」ともよばれる。

【画素(ピクセル)】テレビやパソコンのディスプレーなど、デジタル画面を構成する色情報の最小単位の点のこと。

【機械学習】コンピューターでデータを分析し、規則性や法則を見つけ出すこと。

【コーヒーテスト】そのコンピューターが汎用AIかどうかを判定するテスト。AIに、間取りを知らない家に上がり、その家の人にコーヒーをいれさせる。この一連の動作には、「ドアを開ける」「キッチンを探す」「コーヒー豆とコーヒーメーカーとカップを探す」「コーヒーメーカーを使う」「カップに注ぐ」……など、さまざまな情報判断や対応が求められるため、無事にコーヒーをいれられれば「汎用AI」とみなされる。

【シンギュラリティ】AIが人類の知能をこえる転換点を指す。日本語では「技術的特異点」とよばれる。

【人工ニューロン】機械学習の1つである「ニューラルネットワーク」を構成する基本単位。人間の神経細胞に似せてつくられている。入力信号に「重み」とよばれる数値を乗じた値の総和がある一定の閾値をこえると、ほかのニューロンに信号を出力する。

【シンボルグラウンディング問題】記号（シンボル）が、どのようにして現実世界の意味と結びつけられているかという問題。コンピューターは「記号」で物事をとらえているにすぎないため、AIは人間と同じようには実世界をとらえていないとされる。

【生成AI】文章、画像、音楽、動画などを自動で生成することができるAIサービスの総称。

【チャットGPT（ChatGPT）】アメリカのAI研究機関「OpenAI」が開発したサービス。大規模言語モデルである「GPT」を使用し、文章の先を予測することで自然な文章を生成し、人間とテキストで会話することができる。

【チャットボット】AIを活用した自動会話プログラム。「チャット」はインターネット上でのコミュニケーションのことで、テキストでやり取りする対話のこと。「ボット」は「ロボット」の略。

【チューリングテスト】そのコンピューターが「人間的」かどうかを判定するテスト。コンピューターが人間のふりをして、人間の審査員とテキストで対話し、審査員がコンピューターと見破れなければ「合格」となる。

【ディープフェイク】「ディープラーニング」と「フェイク」を組み合わせた言葉。AIで画像や映像を組み合わせて偽の情報をつくり、あたかも本物のように見せる手口のこと。

【ディープラーニング】「深層学習」ともいわれる。コンピューターに学習をさせる「機械学習」の手法の1つである「ニューラルネットワーク」を用いる手法の総称。ニューラルネットワークを多層的につくり、データにふくまれる特徴をとらえることで、精確かつ効率的な判断を可能にした技術。

【特化型AI】特定の用途や目的に限定されたAIのこと。

【トランスフォーマー（Transformer）】コンピューターが、あたえられたテキストにふくまれている単語どうしの意味的な関係を把握するための技術。チャットGPTなどに使用されている。

【二進法】 日常生活で使う十進法（0〜9の数字を使う）とちがって、1と0の2種類だけで数を表現する方法。コンピューターなどに利用されている。

【ニューラルネットワーク】 人間の脳の神経ネットワークをまねてつくられたAIのシステム。「神経回路網」ともいわれる。

【汎用AI】 人間のように自律的に思考・学習・判断・行動できるAIのこと。

【ファインチューニング】 ひと通り学習を終えたAIに対し、独自のデータを追加で学習させたり、データ全体を再学習させたりすることにより、用途により適した出力を行わせるようにする調整のこと。

【フレーム問題】 AIが、定められた枠組（フレーム）の中でしか情報を処理できないという問題。AIに〝自由に〟考えさせると、問題解決に必要のないことまで無限に考慮して計算しつづけ、機能停止してしまう。

【プログラミング言語】 コンピューターが理解できるようにつくられた人工言語。

【プログラム】 コンピューターに実行させる処理の手順を、コンピューターが判読できる形で表現したもの。通常は「プログラミング言語」で記述する。

【プロンプトエンジニアリング】 言語処理を行うAIから効率よく望ましい解答を得るために最適な指示を出すこと。116ページで紹介したように、AIに指示を出す際にいくつか例題を出すのも1つの方法。

【マルチモーダルAI】 従来の生成AIは、文章生成AIなら文章、画像生成AIなら画像などと、1つの種類のデータしか学習することができなかった。マルチモーダルAIは、さまざまな種類のデータをまとめて学習し、出力することができる。

Photograph

10-11 (AI生成) lapeepon/stock.adobe.com,（その他）photosomething/stock.adobe.com, Nelea Reazanteva/stock.adobe.com, nana77777/stock.adobe.com,
12-13 (AI生成) 69/stock.adobe.com,（その他）oka/stock.adobe.com, nissy730/stock.adobe.com, kawamura_lucy/stock.adobe.com
14-15 (AI生成) VISUAL BACKGROUND/stock.adobe.com,（その他）karepa/stock.adobe.com, agrarmotive/stock.adobe.com, Magnus/stock.adobe.com
16-17 (AI生成) DigitalArt Max/stock.adobe.com,（その他）Rita Kochmarjova/stock.adobe.com, Geza Farkas/stock.adobe.com, Smart Future/stock.adobe.com
21 zapp2photo/stock.adobe.com
22 （顔認証）Alexander/stock.adobe.com,（台風）elroce/stock.adobe.com
23 metamorworks/stock.adobe.com
25 Mopic/stock.adobe.com
27 buritora/stock.adobe.com
29 moodboard/stock.adobe.com
31 株式会社TOUCH TO GO
35 首都高技術株式会社
49 (Pepper) ©SoftBank Robotics,（ドローン）photolink/stock.adobe.com,（自動搬送ロボット）chesky/stock.adobe.com,（産業用ロボット）Nay/stock.adobe.com
51 株式会社 COMPASS「キュビナ」
55 （エドバック）パブリック・ドメイン via ウィキメディア・コモンズ,（フォン・ノイマン）©Copyright Triad National Security, LLC. All Rights Reserved.
69~71 Newton Press(【ヒマワリ】Plateresca/ Shutterstock.com, Ian 2010/ Shutterstock.com,【チューリップ】Mikhail Abramov/Shutterstock.com)
77 alexavol/Shutterstock.com, Eric Isselee/Shutterstock.com, UtekhinaAnna/Shutterstock.com, Axel Bueckert/Shutterstock.com, Seregraff/Sutterstock.com, Newton Press
78-79 Mopic/stock.adobe.com
97 （コップ）ca19418/stock.adobe.com,（バラ）ImagesMy/stock.adobe.com,（ハト）mylisa/stock.adobe.com,（子ども）kimi/stock.adobe.com
98 （カタツムリ）majivecka/stock.adobe.com,（モグラ）EXTREMFOTOS/stock.adobe.com
99 goro20/stock.adobe.com
115 Susiepics/stock.adobe.com
118-119 Thannaree/stock.adobe.com
121 株式会社Awarefy
123 MclittleStock/stock.adobe.com
128-129 Tomas Skopal/stock.adobe.com
138-139 伊藤園
141 「Columbia Engineering Roboticists Discover Alternative Physics」(https://youtu.be/0yP5T4uuRuI)
145 （自動運転車）Waymo,（自動運転のイメージ）scharfsinn86/stock.adobe.com
148-149 DedMityay/stock.adobe.com
153 Ninaveter/stock.adobe.com
160 Goodfellow et al.(2015).Explaining and harnessing adversarial examples. arXiv:1412.6572v3
161 Sander Meertins/stock.adobe.com
163 Nattapol_Sritongcom/stock.adobe.com
164-165 northsan/stock.adobe.com
166 （物流）Monopoly919/stock.adobe.com,（介護）M. Dörr & M.Frommherz/stock.adobe.com,（医療）zapp2photo/stock.adobe.com
169 東北大学 渡部信一・佐藤克美研究室
170-171 metamorworks/stock.adobe.com

Illustration

◇キャラクターデザイン　宮川愛理
21 Newton Press
22-23 （電子回路）Alexander/stock.adobe.com,（画像生成AI）metamorworks/stock.adobe.com
25 Newton Press
27 matiasdelcarmine/stock.adobe.com
29 （パソコン）mayucolor/stock.adobe.com,（スポーツ）kimkimchin/stock.adobe.com
31 picture cells/stock.adobe.com
33 maimu/stock.adobe.com
37 Newton Press
39 （人）ケイーゴ・K/stock.adobe.com,（翻訳AIのしくみ）Newton Press
41 Newton Press
45 （レントゲン）designer_things/stock.adobe.com,（聴診器とカルテ）chapinasu/stock.adobe.com,（車イス）fuku/stock.adobe.com
47 （惑星）NASA/Ames Research Center/Wendy Stenzel,（ジェイムズ・ウェッブ宇宙望遠鏡）Public domain
52 K.M.S.P./stock.adobe.com
55~61 Newton Press
63 Jones, Cameron R., and Benjamin K. Bergen. "People cannot distinguish GPT-4 from a human in a Turing test." arXiv preprint arXiv:2405.08007 (2024)
65 （神経細胞）Newton Press,（人工ニューロン）小林稔
67 Newton Press
73 Newton Press・秋廣翔子
75~80 Newton Press・カサネ・治
82~87 Newton Press
89 北岡明佳
91~93 Newton Press
95 V. Yakobchuk/stock.adobe.com
97 iaremenko/stock.adobe.com
99 issaronow/stock.adobe.com
100-101 fran_kie/stock.adobe.com
102 Dzianis Vasilyeu/stock.adobe.com
105 （ネコ）Vladislav/stock.adobe.com,（GPT）Newton Press
107 Newton Press
108 石井恭子
110-111 Newton Press
113 Newton Press・石井恭子
115 MarLein/stock.adobe.com
117 Newton Press
120 Mono/stock.adobe.com
124-125 metamorworks/stock.adobe.com
127 Newton Press
130 lembergvector/stock.adobe.com
132-133 （バーチャル脳）Newton Press,（カーツワイル）秋廣翔子,（脳のアイコン：右）mona_/stock.adobe.com,（脳のアイコン：左）Who is Danny/stock.adobe.com
135~147 Newton Press
150-151 （ショッピング）nana/stock.adobe.com,（スマホ）tanatat/stock.adobe.com
153 Aliaksandr Marko/stock.adobe.com
155 sdecoret/stock.adobe.com
157 （子ども）KOPPA/stock.adobe.com,（AI採用のイメージ）Andrey Popov/stock.adobe.com
159 YuriBot/peopleimages.com/stock.adobe.com
166 Newton Press

Staff

Editorial Management　中村真哉
Editorial Staff　伊藤あずさ
DTP Operation　亀山富弘、髙橋智恵子
Design Format　宮川愛理
Cover Design　宮川愛理

Profile 監修者略歴

松尾　豊 / まつお・ゆたか
東京大学大学院工学系研究科技術経営戦略学専攻教授。博士(工学)。1975年、香川県生まれ。東京大学工学部電子情報工学科卒業。専門は人工知能。現在の研究テーマはディープラーニング、生成AI、ソーシャルメディアの分析など。主な著書に『人工知能は人間を超えるか』などがある。

ニュートン
科学の学校シリーズ
AIの学校

2025年2月20日発行

発行人　松田洋太郎
編集人　中村真哉

発行所　株式会社ニュートンプレス
〒112-0012 東京都文京区大塚3-11-6
https://www.newtonpress.co.jp
電話 03-5940-2451

ISBN 978-4-315-52891-6